"十三五"国家重点图书出版规划项目

能源与环境出版工程（第二期）

总主编　翁史烈

环境修复技术与应用

Environmental Remediation Technology and Application

葛利云　编著

上海交通大学出版社
SHANGHAI JIAO TONG UNIVERSITY PRESS

内容提要

本书为"十三五"国家重点图书出版规划项目"能源与环境出版工程"丛书之一。本书是关于环境修复技术的著作,主要内容包括环境修复技术基本概念、土壤修复的基本概念和一般原理、土壤场地调查与风险评估、土壤环境修复技术、水体修复的基本概念和一般原理、水体环境修复技术和现代化信息技术在河道管理中的应用。本书可用作高等院校环境类专业本科生和研究生教材,也可作为其他专业学生的教学参考书,还可供从事环境保护、生命科学、土壤学、水文学的研究人员及工程设计人员阅读和参考。

图书在版编目(CIP)数据

环境修复技术与应用/ 葛利云编著. —上海:上海交通大学出版社,2020(2022重印)
ISBN 978 - 7 - 313 - 23250 - 2

Ⅰ. ①环… Ⅱ. ①葛… Ⅲ. ①生态恢复 Ⅳ.
①X171.4

中国版本图书馆 CIP 数据核字(2020)第 080837 号

环境修复技术与应用
HUANJING XIUFU JISHU YU YINGYONG

编 著:葛利云				
出版发行:上海交通大学出版社		地 址:上海市番禺路 951 号		
邮政编码:200030		电 话:021 - 64071208		
印 制:上海新艺印刷有限公司		经 销:全国新华书店		
开 本:710 mm×1000 mm 1/16		印 张:14.25		
字 数:263 千字				
版 次:2020 年 8 月第 1 版		印 次:2022 年 7 月第 2 次印刷		
书 号:ISBN 978 - 7 - 313 - 23250 - 2				
定 价:58.00 元				

能源与环境出版工程
丛书学术指导委员会

主　任

杜祥琬（中国工程院原副院长、中国工程院院士）

委　员（以姓氏笔画为序）

苏万华（天津大学教授、中国工程院院士）

岑可法（浙江大学教授、中国工程院院士）

郑　平（上海交通大学教授、中国科学院院士）

饶芳权（上海交通大学教授、中国工程院院士）

闻雪友（中国船舶工业集团公司 703 研究所研究员、中国工程院院士）

秦裕琨（哈尔滨工业大学教授、中国工程院院士）

倪维斗（清华大学原副校长、教授、中国工程院院士）

徐建中（中国科学院工程热物理研究所研究员、中国科学院院士）

陶文铨（西安交通大学教授、中国科学院院士）

蔡睿贤（中国科学院工程热物理研究所研究员、中国科学院院士）

能源与环境出版工程
丛书编委会

本书编委会

主　编

葛利云

副主编

蔡景波　邓欢欢　殷晓东　吴淑英　郑　睿
梅　琨

编　委

王绍程　王海东　闫茂仓　吴继业　叶舒帆
王强强　田立斌　刘　爽　肖国强　张　翔
陈　恺　杨　勇　陆荣茂　金　程　沈　强
张增祥　黄　海　赵静岩　马斌斌　李少君
周　笋　周俊威　钟铭晨　王志鸿　黄振华
吴国豪　李亦君

总　序

　　能源是经济社会发展的基础,同时也是影响经济社会发展的主要因素。为了满足经济社会发展的需要,进入 21 世纪以来,短短十余年间(2002—2017 年),全世界一次能源总消费从 96 亿吨油当量增加到 135 亿吨油当量,能源资源供需矛盾和生态环境恶化问题日益突显,世界能源版图也发生了重大变化。

　　在此期间,改革开放政策的实施极大地解放了我国的社会生产力,我国国内生产总值从 10 万亿元人民币猛增到 82 万亿元人民币,一跃成为仅次于美国的世界第二大经济体,经济社会发展取得了举世瞩目的成绩!

　　为了支持经济社会的高速发展,我国能源生产和消费也有惊人的进步和变化,此期间全世界一次能源的消费增量 38.3 亿吨油当量中竟有 51.3% 发生在中国! 经济发展面临着能源供应和环境保护的双重巨大压力。

　　目前,为了人类社会的可持续发展,世界能源发展已进入新一轮战略调整期,发达国家和新兴国家纷纷制定能源发展战略。战略重点在于:提高化石能源开采和利用率;大力开发可再生能源;最大限度地减少有害物质和温室气体排放,从而实现能源生产和消费的高效、低碳、清洁发展。对高速发展中的我国而言,能源问题的求解直接关系到现代化建设进程,能源已成为中国可持续发展的关键! 因此,我们更有必要以加快转变能源发展方式为主线,以增强自主创新能力为着力点,深化能源体制改革、完善能源市场、加强能源科技的研发,努力建设绿色、低碳、高效、安全的能源大系统。

　　在国家重视和政策激励之下,我国能源领域的新概念、新技术、新成果不断涌现;上海交通大学出版社出版的江泽民学长著作《中国能源问题研究》(2008 年)更是从战略的高度为我国指出了能源可持续的健康发展之路。为了"对接国家能源可持续发展战略,构建适应世界能源科学技术发展趋势的能源科研交流平台",我们策划、组织编写了这套"能源与环境出版工程"丛书,其目的在于:

一是系统总结几十年来机械动力中能源利用和环境保护的新技术新成果;

二是引进、翻译一些关于"能源与环境"研究领域前沿的书籍,为我国能源与环境领域的技术攻关提供智力参考;

三是优化能源与环境专业教材,为高水平技术人员的培养提供一套系统、全面的教科书或教学参考书,满足人才培养对教材的迫切需求;

四是构建一个适应世界能源科学技术发展趋势的能源科研交流平台。

该学术丛书以能源和环境的关系为主线,重点围绕机械过程中的能源转换和利用过程以及这些过程中产生的环境污染治理问题,主要涵盖能源与动力、生物质能、燃料电池、太阳能、风能、智能电网、能源材料、能源经济、大气污染与气候变化等专业方向,汇集能源与环境领域的关键性技术和成果,注重理论与实践的结合,注重经典性与前瞻性的结合。图书分为译著、专著、教材和工具书等几个模块,其内容包括能源与环境领域内专家们最先进的理论方法和技术成果,也包括能源与环境工程一线的理论和实践。如钟芳源等撰写的《燃气轮机设计》是经典性与前瞻性相统一的工程力作;黄震等撰写的《机动车可吸入颗粒物排放与城市大气污染》和王如竹等撰写的《绿色建筑能源系统》是依托国家重大科研项目的新成果新技术。

为确保这套"能源与环境"丛书具有高品质和重大的社会价值,出版社邀请了杜祥琬院士、黄震教授、王如竹教授等专家,组建了学术指导委员会和编委会,并召开了多次编撰研讨会,商谈丛书框架,精选书目,落实作者。

该学术丛书在策划之初,就受到了国际科技出版集团 Springer 和国际学术出版集团 John Wiley & Sons 的关注,与我们签订了合作出版框架协议。经过严格的同行评审,截至 2018 年初,丛书中已有 9 本输出至 Springer,1 本输出至 John Wiley & Sons。这些著作的成功输出体现了图书较高的学术水平和良好的品质。

"能源与环境出版工程"从 2013 年底开始陆续出版,并受到业界广泛关注,取得了良好的社会效益。从 2014 年起,丛书已连续 5 年入选了上海市文教结合"高校服务国家重大战略出版工程"项目。还有些图书获得国家级项目支持,如《现代燃气轮机装置》《除湿剂超声波再生技术》(英文版)、《痕量金属的环境行为》(英文版)等。另外,在图书获奖方面,也取得了一定成绩,如《机动车可吸入颗粒物排放与城市大气污染》获"第四届中国大学出版社优秀学术专著二等奖";《除湿剂超声波再生技术》(英文版)获中国出版协会颁发的"2014年度输出版优秀图书奖"。2016年初,"能源与环境出版工程"(第二期)入选了"十三五"国家重点图书出版规划项目。

希望这套书的出版能够有益于能源与环境领域里人才的培养,有益于能源与环境领域的技术创新,为我国能源与环境的科研成果提供一个展示的平台,引领国内外前沿学术交流和创新并推动平台的国际化发展!

翁史烈

2018年9月

前　　言

随着我国经济的迅速发展,健康的生态环境已成为人们评价美好生活的一项重要指标,但是各种随之而来的环境问题也日益凸显。当前,在经济高速发展的同时,大气污染、水体污染、土壤污染、生态破坏等负面因素的影响也随之明显加重,大气污染成为我国第一大环境问题;水土流失严重导致土地荒漠化迅速发展;土壤环境总体状况不容乐观,土壤污染逐渐向农村耕地蔓延;人类排放的垃圾尤其是塑料制品被野生动物误食或污染其生存空间,导致生物物种加速灭绝等现象层出不穷。纵观全局,我国生态环境局部在改善,总体在恶化,治理能力远远赶不上破坏速度,生态赤字在一定程度上逐渐扩大。面对一系列环境问题的冲击,人们已经意识到,环境修复已是不容忽视的课题。生态环境质量直接影响人类的生存质量,恶化的生态环境不仅危害人类的身体健康,而且直接制约着经济发展。打好污染防治攻坚战是中央明确要求的重要任务,也是环保产业能够快速、持续和健康发展的保障。

作为一项复杂的、综合性的系统工程,环境修复是指通过采取物理、化学和生物学技术三大类技术措施,使存在于被污染环境中的污染物浓度减小,毒性降低,甚至完全无害化,从而使环境部分或者全部恢复到原始状态的过程。就修复对象而言,环境修复可以分为大气环境修复、水体环境修复、土壤环境修复以及固体废弃物环境修复四大类型;就修复方法而言,环境修复则可分为工程技术、物理技术、化学技术以及生物技术四类基本技术。近年来,虽然环境修复工作逐步开展,环境修复技术得到迅速发展,并在实践中广泛应用,但编者仍然感到相关教材十分匮乏,因此,我们编写了本书,旨在系统总结国内外相关环境修复技术知识,以便读者之需。

本书在基本结构上采用了全新的编排方式,在技术内容上力争与时俱进，在传统修复技术的基础上注重加入近年来的新兴技术。本书在编写过程中得到了温州医科大学、中科鼎实环境工程有限公司、浙江省海洋水产养殖研究所、浙江省流域水环境与健康风险研究重点实验室、龙湾区环境监测站、浙江省近岸水域生物资源开发与保护重点实验室、浙江中蓝环境科技有限公司、湖州大东吴建设集团有限公司等多家单位的专业支持。希望本书的出版能为读者提供最大的帮助。在此，编者向为本书的出版付出辛劳的有关人员表示诚挚的谢意！

本书在该领域仍是探索和尝试，难免存在疏漏，敬请各位读者和使用者不吝指正。

目　　录

第1章 环境修复技术基本概念

　　自 18 世纪 60 年代人类进入工业社会，一系列技术革命引起了从手工劳动向动力机器生产转变的重大飞跃，人们的生活水平显著提高，生产力也急速提升。但与此同时，人们对于煤炭、石油、天然气等能源的大量使用也使地球环境开始恶化。所谓环境问题，是指由于人类不恰当的生产活动引起全球环境或区域环境质量的恶化，出现不利于人类生存和发展的问题。全球变暖、能源匮乏、大气污染、人口膨胀和物种灭绝等时时刻刻威胁着人类的生存环境。中国作为全球最大的发展中国家，所面临的环境污染问题同样不容小觑。

　　在目前环境污染日益加剧、污染状态更加复杂的情况下，人们对环境质量的要求却越来越高。人类社会要发展，更要绿色发展，保护未被破坏的好生态、修复被损坏的环境刻不容缓。环境损害意味着环境生态系统结构、功能和内外部关系的损害。对环境损害的救济不是传统的损害赔偿机制能够解决的，应该采取切实可行的措施对受到损害的生态系统的功能和结构进行修复，对受到破坏的生态系统内外关系进行恢复。

　　我们不仅要集中治理生产区、生活区内产生的污染，还要治理因生产、生活及事故等原因造成的土壤、河流、湖泊、海洋、地下水、废气和固体废弃物堆置场的污染，这就是污染环境的修复工程。污染预防工程、传统的环境工程（即"三废"治理工程）和环境修复工程分别属于污染物控制的产前、产中和产后三个环节，它们共同构成污染控制的全过程体系。

　　污染环境的修复技术主要包括物理方法、化学方法和生物方法三大类。本章主要介绍环境修复技术的产生和技术分类。

1.1　环境修复技术的产生

　　修复是一个工程上的概念，顾名思义，是指借助外界作用力使某个受损的特定对象部分或全部恢复到原始状态的过程。它诞生的使命就是使被污染的环境能够部分或全部恢复到原始状态。因此，环境修复技术是一项让人们从征服自然、改造自然到学会与自然和谐相处的工程技术。

1.1.1　环境的基本概念

环境是一个极其复杂、相互影响、彼此制约的辩证的自然综合体。人类的环境是作用于人类这一主体（中心事物）的所有外界影响和力量的总和，它可分为自然环境和社会环境两种。环境科学所研究的环境是以人类作为中心事物的自然环境。

自然环境亦称地理环境，是指环绕于人类周围的自然界。它包括大气、水、土壤、生物和各种矿物资源等。自然环境是人类赖以生存和发展的物质基础。在自然地理学上，自然环境按环境要素又可分为大气环境、水环境、土壤环境、地质环境和生物环境等，主要就是指地球的五大圈——大气圈、水圈、土圈、岩石圈和生物圈。

社会环境是指人类在自然环境的基础上，为不断提高物质和精神生活水平，通过长期有计划、有目的的发展，逐步创造和建立起来的人工环境，如城市、农村、工矿区等。社会环境的发展和演替受自然规律、经济规律以及社会规律的支配和制约，其质量是人类物质文明建设和精神文明建设的标志之一。

《中华人民共和国环境保护法》从法学的角度对环境概念进行阐述："本法所称环境，是指影响人类生存和发展的各种天然的和经过人工改造的自然因素的总体，包括大气、水、海洋、土地、矿藏、森林、草原、野生生物、自然遗迹、人文遗迹、自然保护区、风景名胜区、城市和乡村等[1]。"

1.1.2　环境的分类

人类活动对整个环境的影响是综合性的，而环境系统也从各个方面反作用于人类，其效应也是综合性的。人类与其他生物不同，不仅以自身的生存为目的影响环境，同时在为提高生存质量的过程中，通过自己的劳动改造环境，把自然环境转变为新的生存环境。这种新的生存环境更适于人类生存，但也使其本身质量遭到了破坏，自然生态环境不断恶化。

在这一系列反复曲折的过程中，人类的生存环境形成了一个极其庞大、结构复杂、多层次、多组元相互交融的动态环境体系。通过不同的角度或不同的原则，按照人类环境的组成和结构关系，环境可划分为一系列层次，每一层次就是一个等级的环境系统，或称等类环境。根据不同的原则，人类环境也有不同的分类方法。通常，环境按照空间范围的大小、环境要素的差异、环境的性质等为依据分类。

按照人类生存环境的空间范围可由近及远、由小到大分为聚落环境、地理环境、地质环境和宇宙环境等层次结构，每一层次均包含各种不同的环境性质和要素。

1) 聚落环境

聚落是指人类聚居的中心,也就是人类活动的场所,是人类有目的、有计划地利用和改造自然环境而创造出来的生存环境,是与人类的生产和生活关系最密切、最直接的工作和生活环境。在人类的发展中,聚落环境从自然界中的穴居和散居发展到形成密集栖息地的乡村和城市。同时,随着聚居环境的变迁,人类逐渐获得了更加安全清洁和舒适方便的生存环境。但是,由于人口的过度集中、人类缺乏节制的生产活动以及对自然界的资源和能源超负荷索取,聚落环境乃至周围的生态环境同时受到巨大的压力,造成局部、区域以至全球性的环境污染。因此,聚落环境历来受到人们的大力重视和关注,也是环境科学重要和优先的研究领域。

聚落环境根据其性质、功能和规模可分为院落环境、村落环境和城市环境。

院落环境是由一些功能不同的构筑物和与它联系在一起的场院组成的基本环境单元,如中国西南地区的竹楼、内蒙古草原的蒙古包、陕北的窑洞、北京的四合院、机关大院以及大专院校等。由于经济文化发展的不平衡性,不同院落环境以及其各功能单元的现代化程度相差甚远,并具有鲜明的时代和地区特征。

村落环境是农业人口聚居地的生存环境。由于自然条件的不同以及从事农、林、牧、渔业的种类,规模大小,现代化程度不同,因而村落环境无论从结构上、形态上、规模上,还是从功能上看,其类型很多,最普遍的有所谓的农村、渔村、山村等。

城市环境是非农业人口聚居地的生存环境。城市是人类社会发展到一定阶段的产物,是工业、商业、交通汇集的地方。随着社会的发展,城市的发展越来越快,变化越来越大,城市越来越成为政治、经济和文化的中心。由于人口的高度集中(目前全世界 40% 的人口集中在不到 1% 的陆地上),城市中人与环境的矛盾异常尖锐,城市成了当前环境保护工作的前沿阵地。

2) 地理环境

地理学上所指的地理环境位于地球表层,处于岩石圈、水圈、大气圈、土壤圈和生物圈相互制约、相互渗透、相互转化的交融带上,有着适合人类生存的物理条件、化学条件和生物条件,因而构成了人类活动的基础。它下起岩石圈的表层,上至大气圈下部的对流层顶,厚约 $10\sim20$ km,包括了全部的土壤圈,其范围大致与水圈和生物圈相当。概括地说,地理环境是由与人类生存和发展密切相关的,直接影响到人类衣、食、住、行的非生物和生物等因子构成的复杂的对立统一体,是具有一定结构的多级自然系统,其中水、土、气、生物圈都是它的子系统。每个子系统在整个系统中有着各自特定的地位和作用,非生物环境都是生物(植物、动物和微生物)赖以生存的主要环境要素,它们与生物种群共同组成生物的生存环境。

3) 地质环境

地质环境主要指地表以下的坚硬地壳层,也就是岩石圈部分。它由岩石及其风化产物——浮土两个部分组成。岩石是地球表面的固体部分,平均厚度为 30 km 左右;浮土是由土壤和岩石碎屑组成的松散覆盖层,厚度范围一般为几十米至几千米。实质上,地理环境是在地质环境的基础上,在宇宙环境的影响下发生和发展起来的,在地理环境、地质环境和宇宙环境之间经常不断地进行着物质和能量的交换和循环。例如,岩石在太阳辐射的作用下,在风化过程中使固结在岩石中的物质释放出来,参加到地理环境中去,再经过复杂的转化过程回到地质环境或宇宙环境中。如果说地理环境为人类提供了大量的生活资料,即可再生的资源,那么地质环境则为人类提供了大量的生产资料,特别是丰富的矿产资源,即难以再生的资源,它对人类社会发展有着重要的影响。

4)宇宙环境

宇宙环境,又称为星际环境,是指地球大气圈以外的宇宙空间环境,由广袤的空间、各种天体、弥漫物质以及各类飞行器组成。它是在人类活动进入地球邻近的天体和大气层以外的空间的过程中提出的概念,它是人类生存环境的最外层部分。太阳辐射能为地球的人类生存提供主要的能量。太阳的辐射能量变化和对地球的引力作用会影响地球的地理环境,并且与地球的降水量、潮汐现象以及风暴和海啸等自然灾害有明显的相关性。随着科学技术的发展,人类活动越来越多地延伸到大气层以外的空间,但当发射的人造卫星、运载火箭、空间探测工具等飞行器失效或服务期满后,会成为太空废物,这将给宇宙环境以及相邻的地球环境带来新的环境问题[2]。

1.1.3 环境问题的产生和发展

人类在改造自然环境和创建社会环境的过程中,自然环境仍以其固有的自然规律变化着。社会环境一方面受自然环境的制约,同时也以其固有的规律运动着。人类与环境不断地相互影响和作用,因此产生了环境问题。

环境问题一般指由于自然界或人类活动作用于人们周围的环境而引起环境质量下降或生态失调,以及这种变化反过来对人类的生产和生活产生不利影响的现象。人类社会早期的环境问题是因乱采、乱捕而破坏人类聚居的局部地区的生物资源,从而引起生活资料缺乏甚至饥荒,或者因为用火不慎而烧毁大片森林和草地,迫使人们迁移以谋生存。以农业为主的奴隶社会和封建社会的环境问题是在人口集中的城市,各种手工业作坊和居民抛弃的生活垃圾导致出现环境污染。产业革命以后到 20 世纪 50 年代的环境问题是出现了大规模环境污染,局部地区的严重环境污染导致"公害"病和重大公害事件的出现;自然环境的破坏造成资源稀缺甚至枯竭,开始出现区域性生态平衡失调现象。当前世界的环境问题是环境污染出现了范围扩大、难以防范、危害严重的特点,自然环境和自然资源难以承受高速工业化、人口剧增和城市化的巨大压力,世界自然灾害显著增加。

环境问题多种多样,归纳起来有两大类:一类是自然演变和自然灾害引起的原生环境问题,也叫第一环境问题,如地震、洪涝、干旱、台风、崩塌、滑坡、泥石流等;另一类是人类活动引起的次生环境问题,也叫第二环境问题,如乱砍滥伐引起的森林植被的破坏、过度放牧引起的草原退化、大面积开垦草原引起的沙漠化和土地沙化、工业生产造成的大气和水环境恶化等。次生环境问题一般又分为环境污染和生态破坏两大类。

到目前为止,已经威胁人类生存并已被人类认识到的环境问题主要有全球变暖、臭氧层破坏、酸雨、淡水资源危机、能源短缺、森林资源锐减、土地荒漠化、物种加速灭绝、垃圾成灾、有毒化学品污染等。

1972 年 6 月 5 日在瑞典首都斯德哥尔摩召开了联合国人类环境会议,会议通过了《人类环境宣言》,并提出将每年的 6 月 5 日定为“世界环境日”。同年 10 月,第 27 届联合国大会通过决议接受了该建议。“世界环境日”的确立反映了世界各国人民对环境问题的认识和态度,表达了人类对美好环境的向往和追求。

环境的重要性是不可估量的,一旦环境受到污染,将会对与它赖以生存的事物造成巨大的影响,甚至导致生态平衡失调等严重问题,如水、大气、光污染以及土地沙漠化等。因此,我们周边的环境向人们敲响了警钟,警醒人类保护和善待我们周边的环境。此外,保护环境更需要道德的制约和法律的规范,一个有道德的公民应自觉持有环境保护的意识。《中华人民共和国环境保护法》和《中华人民共和国公物保护法》在保护环境方面起了重大作用,其中《中华人民共和国环境保护法》规定:“任何单位或组织无权随意破坏、糟蹋环境[3]。”保护并改善环境是一件需要我们认真对待的大事。

1.1.4　环境修复的基本概念

修复本来是一个工程上的概念,是指借助外界作用力使某个受损的特定对象部分或全部恢复到初始状态的过程。严格说来,修复包括恢复、重建、改建三个方面的活动。恢复(restoration)是指使部分受损的对象向原始状态发生改变;重建(reconstruction)是指使完全丧失功能的对象回复至原始水平;改建(renewal)则是指对部分受损的对象进行改善,增加人类所期望的“人造”特点,减少人类不希望的自然特点。

环境修复是指对被污染的环境采取物理、化学和生物学技术措施,使存在于环境中的污染物浓度减小、毒性降低或完全无害化的过程。可以从以下两个方面来理解。

（1）从界定污染环境与健康环境的方面理解　环境污染实质上是指任何物质

或者能量因子的过分集中,超过了环境的承载能力,从而对环境表现出的有害现象。故污染环境可定义为因物质过度聚集而造成的质量下降、功能衰退的环境。与污染环境相对的就是健康环境,最健康的环境就是有原始背景值的环境。但现今地球上几乎不存在未受人类活动污染的地方,即使在人迹罕至的南极、珠穆朗玛峰也可检测到农药成分的存在。因此,我们所提的健康环境只是相对的概念,特指存在于其中的各种物质或能量都低于有关环境质量标准的环境。环境质量标准是环境质量的反映,而环境价值又是反映环境质量与人类需要之间客观存在的一种特定关系,同时也受到道德准则的制约和影响。

(2)从界定环境修复和环境净化的方面理解　环境自身有一定的自净能力,当污染物进入环境时,并不一定会引起污染,只有当这些物质或能量因子超过了环境的承载能力才会导致污染。环境中存在各种各样的净化机制,如稀释、扩散、沉降、挥发等物理机制,氧化还原、中和、分解、离子交换等化学机制,以及有机生命体的代谢等生物机制。这些机制共同作用于环境,使污染物的数量或性质向有利于环境安全的方向改变,因此环境净化更倾向于是环境自然的、被动的一个过程。而环境修复是人类有意识的外源活动对污染物或能量的清除过程,是人为的、主动的过程。环境修复与环境净化之间也有共同的一面,即两者的目的都是使进入环境中的污染因子的总数减小、强度降低或毒性下降。

同时,需要强调的是,治理不等同于环境修复。我们所讲的"三废"治理,也就是废水、废气、废渣的治理,是环境工程的核心内容,强调的是点源治理,即工厂排污口的治理,需要建造成套的处理设施,在最短的时间内,以最快的速度和最低的成本将污染物净化并去除。治理属于污染因子的产中治理,而环境修复强调的是面源治理,即对人类活动的环境进行治理,它不可能建造出把整个修复对象都包容进去的处理系统。因此,环境修复和"三废"处理虽然目的都是控制环境污染,但两者的处理环节不同,"三废"处理属于环境污染的产中控制,环境修复属于产后控制,而我们通常所说的污染预防则属于产前控制,三者共同构成污染控制的全过程体系,是可持续发展在环境中的重要体现[4]。

1.1.5　环境修复的产生与发展

在人类连续不断的、巨大和高速的物质、能量的作用下,环境受到相应的损坏,具有不容忽视的特性。这种损害意味着环境生态系统结构、功能和内外部关系的损害,对人类生存环境和生活质量的影响。因此,环境修复逐渐被人们所重视。环境修复不只是一项技术工程,同时,对环境损害的救济也不是传统的损害赔偿机制能够解决的,需采取切实可行的措施对受到损害的生态系统的功能和结构进行修复,对受到破坏的生态系统内外关系进行恢复。由于传统法律缺乏有效的应对措施,因此有必要将环境修复作为一个新的管制工具和救济工具进行设计,并在环境保护基本法和相关单行法中对其予以规定。环境修复制度的目的不仅在于修复受到损害的生态环境的结构、功能,而且还应着眼于修复已经恶化的人与自然、人与人之间的关系,为建立和谐社会提供制度保障[5]。

环境修复是针对环境损害所提供的一种法律救济途径,其目的是通过责令使造成环境损害的责任人采取环境综合整治措施使受损害的环境状况尽量恢复。近十年来随着环境公益诉讼和环境刑事案件的增多,环境修复这一法律救济形式已进入法院司法裁判的范畴,发挥着越来越重要的作用[6]。

工业革命极大地改变了人类社会文明发展的进程,使人们在享受工业文明创造的丰硕果实的同时,也遭受了随之而来的环境污染和生态破坏的危害,但随着人类社会的发展和生活水平的提高,人们对环境质量的要求也越来越高。这两者之间的矛盾促使环境修复学科的产生。

污染物是引起环境恶化的根本原因之一,解决环境问题的关键是对污染物的控制与处理。污染预防工程着眼于从源头上遏制排放;传统的环境工程("三废"治理工程)则侧重于将污染物通过转化或再利用的方法进行削减。以上两种方法在污染控制上发挥着重要作用,但对于已经遭受污染的环境却无能为力。

实际上,工业污染物大多数具有严重的毒性,且不易降解,在环境中性质稳定,毒性持久并具有积累效应。对污染物的治理与预防和遏制一样重要。环境修复工程正是针对这方面的需求而发展起来的。污染预防工程、传统的环境工程("三废"治理工程)和环境修复工程分别属于污染物控制的产前、产中、产后三个环节,正如前文所提,三者共同构成污染控制的全过程体系。

随着科学技术的发展,环境修复的理论研究不断深入,工程技术手段也不断更新,形成了物理、化学、生物三种主流方法,并有由物理、化学方法向生物方法发展的趋势。我国污染环境的修复工程采取生物修复为主,物理、化学修复为辅的策略。生物修复工程是环境工程的重要组成部分,尽管其出现的时间不长,但发展非常迅速,已经成为环境保护领域技术发展的重要生长点。

随着《大气污染防治行动计划》(简称"大气十条")、《水污染防治行动计划》(简称"水十条")和《土壤污染防治行动计划》(简称"土十条")的发布,我国环境修复行业迎来了快速发展。截至 2020 年,我国的修复产业格局发生了大的变革,产业发展的弊端逐步被解决,已逐步走向正轨和规范化管理。产值总额已从 2016 年的100 亿元增长到了 300～500 亿元,中国的修复产业已从传统的土建和固废处置公司主导时代快速进入资本时代。行业中政府管理部门、修复公司、咨询机构和科研院所将共同完善产业相关政策和技术规范。2020—2050 年,我国环境修复产业会逐渐趋于成熟和稳定,环境责任驱动的修复产业份额将逐渐扩大,中国将逐步形成激励创新和符合国情的绿色可持续环境修复监管、技术和公众参与制度。环境修复必定会在我国的快速发展中留下浓墨重彩的一笔[7]。

1.2 环境修复技术的分类

环境修复技术指人类修复环境时所采用的手段,其对象是自然界中因为环境污染和破坏等形成的环境问题,例如污染的大气、水体、土壤等,其目的和任务是使污染的环境能够部分或全部恢复到原始状态。

1.2.1 根据环境修复对象分类

根据修复对象分类,环境修复技术可分为水体环境修复技术、土壤环境修复技术、大气环境修复技术和固体废弃物污染修复技术等。

1) 水体环境修复技术

水环境中的污染物能直接破坏水体和土壤的功能,使其变得不适合各种生物的生存;污染物可通过食物链影响植物、动物和人类;污染物能抑制分解者的活性,导致污染物在环境中积累。总之,污染物的毒性说明其不能够与环境兼容,而去除或者降解环境中的污染物则需要对受污染的水体和土壤进行修复处理。

随着工业发展、城镇化提速以及人口膨胀,我国面临着十分严峻的环境形势。我国水资源短缺情况较为严重,根据水利部发布的数据,2018 年我国人均水资源量为 2 007.57 米³/人,同比下降 2.94%,人均水资源量仅为世界人均水平的四分之一左右,是全球人均水资源最贫乏的国家之一。中国 658 座城市中,有三分之二以上缺水。在七大水系中,主要河流有机污染普遍,主要湖泊富营养化严重。七大水系污染程度由重到轻的顺序为辽河、海河、淮河、黄河、松花江、珠江、长江。其中辽河、淮河、黄河、海河等流域都有 70% 以上的河段受到污染,水污染态势极其严峻。

水体环境修复是利用物理的、化学的或生物的方法降低水环境中有毒有害物质的浓度或者使其完全无害化,使受污染的水环境能部分或者完全恢复到原始状态的过程。

物理修复技术包括引水稀释、底泥疏浚等。引水稀释就是通过工程调水对污染水体进行稀释,使水体在短时间内达到相应的水质标准,该方法能激活水流,增加流速,使水体中溶解氧含量增加,水生微生物、植物的数量和种类也相应增加,从而达到净化水质的目的。底泥疏浚指对整条或局部沉积严重的河段、湖泊进行疏浚、清淤,恢复河流和湖泊的正常功能。

2) 土壤环境修复技术

土壤是经济社会可持续发展的物质基础,关系人民群众身体健康,关系美丽中国建设,保护好土壤环境是推进生态文明建设和维护国家生态安全的重要内容。土壤污染就是指通过人为因素有意或无意地把对人类或其他生命体有害的物质施加到土壤中,使其某种成分的含量明显高于原有含量,并引起土壤环境质量恶化的现象。

随着我国农业和农村经济的快速发展和人口的急剧增加,农业生态环境不断恶化,一些地区农业环境污染相当严重,农业环境污染已经成为制约农业和农村经济可持续发展的重要因素,其中尤以土壤污染影响深远,主要体现在全国土壤环境状况总体不容乐观、耕地土壤环境质量堪忧、工矿业废弃地土壤环境问题突出。

目前,我国土壤污染已对土地资源可持续利用与农产品生态安全构成威胁。全国受有机污染物污染的农田已达 3 600 万公顷,污染物类型包括石油类、多环芳烃(PAHs)、农药、有机氯等;因油田开采造成的严重石油污染土地面积达 1 万公顷,石油炼化业也使大面积土地受到污染;在沈抚石油污水灌区,表层和底层土壤多环芳烃含量均超过 600 mg/kg,造成农作物和地下水严重污染。全国受重金属污染土地达 2 000 万公顷,其中严重污染土地超过 70 万公顷,其中 13 万公顷土地因镉含量超标而被迫弃耕。

土壤环境修复就是对污染的土壤实施修复,以阻断污染物进入食物链,防止对人体健康造成危害,促进土地资源的保护与可持续发展。

3) 大气环境修复技术

人类的生活、生产活动和自然界中局部的质能转换会向大气排放各种污染物,当污染物浓度超过环境所能允许的极限(环境容量)时,大气质量就会恶化,使人们的生活、工作、健康、精神状态、设备财产以及生态环境等遭受恶劣的影响或破坏,这种现象就是大气污染。大气环境修复是指采取一定的措施包括物理、化学和生物的方法来减少大气环境中的有毒有害物质。

4) 固体废弃物污染修复技术

固体废弃物是指在生产建设、日常生活和其他活动中产生,在一定时间和地点无法利用而被丢弃的污染环境的固体、半固体废弃物质。

固体废弃物的堆积占用大量土地,不但污染环境,而且浪费土地资源。其中的有害组分很容易经过风化、地表径流的侵蚀而产生高温有毒液体渗入土壤,杀害土壤中的微生物,破坏微生物与周围环境构成的生态系统,导致草木不生。同时,固体废弃物会污染水体,主要有以下几种途径:固体废弃物直接倾入江河湖泊,既减少水域面积,又大面积污染水域;固体废弃物随地面径流进入江河湖泊,使水域成为污水沟,水域中鱼类大量死亡;固体废弃物中的有害物质在降水的淋溶、渗透作用下进入土壤,污染地下水;粉状固体废弃物随风飘入地面水,造成地面水污染。

另外,以细颗粒状存在的废渣和垃圾,随风飘逸或在适宜的温度和湿度下通过被微生物分解等方式释放出有害气体,造成严重的大气污染。固体废弃物中的有害物质还会改变土质成分和土壤结构,杀害土壤里的微生物和动物,破坏土壤生态平衡,影响农作物生长。某些有毒物质,特别是重金属和农药,会在土壤中累积并迁移到农作物中,最终危害人体健康。

固体废弃物污染修复指的是利用化学、物理或者生物等方法对污染环境的固体废弃物进行处理,以达到减少污染的无害化处理过程。

1.2.2 根据环境修复方法分类

根据修复方法分类,环境修复技术可分为工程修复技术、物理修复技术、化学修复技术和生物修复技术,其中生物修复技术已经成为环境保护技术的重要组成部分。

1) 工程修复技术

工程技术(engineering technology)是指广义的机械技术,是一个人工的机械自然过程,被用来改变自然界的机械运动状态和自然物的形态。

2) 物理修复技术

物理技术(physical technology)指的是一个人工的物理自然过程,被用来改变自然物的物理性质。物理修复技术是最传统的修复技术,污染环境的物理修复过程主要利用污染物与环境之间各种物理特性的差异,达到将污染物从环境中去除的目的。

根据处理对象的位置是否改变,污染环境的物理修复技术可以分为原位物理修复技术和异位物理修复技术。原位物理修复技术更为经济有效,对污染物就地处理,使之得以降解和减毒,不需要建设昂贵的地面环境工程基础设施和远程运输,操作维护起来比较简单,还可以对深层次污染的土地进行修复。然而,与原位物理修复相比,异位物理修复的环境风险较低,系统处理的预测性高于原位物理修复。目前污染环境的物理修复技术有物理分离技术、蒸气浸提技术、固化/稳定化修复技术等[8]。

3) 化学修复技术

化学技术(chemical technology)是通过化学添加剂清除和减少污染环境中污染物的方法。利用化学处理技术,通过化学修复剂与污染物发生氧化、还原、吸附、沉淀、聚合、络合等反应,使污染物从土壤中分离、降解、转化或稳定,变成低毒、无毒、无害等形式或形成沉淀除去。化学修复剂与污染物的相互作用能有效降低土壤中污染物的迁移性和被植物吸收的可能性,避免其进入生态循环系统。

目前污染环境的化学修复技术主要有化学淋洗修复、化学固定修复、化学氧化修复、化学还原修复、原位可渗透反应墙等。化学修复的各项技术中,化学氧化技术是一种快捷、积极,对污染物类型和浓度不是很敏感的修复方式;化学还原和还原脱氯法则作用于分散在地表下较大、较深范围内的氯化物等对还原反应敏感的化学物质,将其还原、降解;化学淋洗技术对去除溶解度较大和吸附力较强的污染物更加有效。究竟选择何种修复方法要依赖于仔细的土壤实地勘查和预备试验的结果[9]。

相对于植物修复、微生物修复等其他土壤修复技术而言,化学修复技术发展较早,也相对成熟。该技术利用的是污染物或污染介质的化学特性,通过各种化学试剂的施加来破坏(如改变化学性质)、分离或固化污染物,具有实施周期短、可用于处理各种污染物等优点。通常情况下,都是根据污染物类型和土壤特征,当生物修复等方法在速度和广度上不能满足污染土壤修复的需要时,才选择化学修复方法。但化学修复技术容易导致土壤结构破坏、土壤养分流失和生物活性下降等问题[6]。

4) 生物修复技术

生物技术(biotechnology)是一个人工的生命运动过程,用来改变生命的运动状态与性质;主要是利用生物特有的分解有毒有害物质的能力,去除污染环境如土壤中的污染物,达到清除环境污染的目的。广义的生物修复技术通常是指利用各种生物(包括微生物、动物和植物)的特性,吸收、降解、转化环境中的污染物,使受污染的环境得到改善的治理技术[10]。

广义的生物修复可以分为微生物修复、植物修复、动物修复和生态修复。狭义的生物修复通常是指在自然或人工控制的条件下,利用特定的微生物来降解、清除环境中污染物的技术。

生物修复可按以下 3 种方式分类。

(1) 按修复主体,可分为微生物修复、植物修复、动物修复、生态修复。

(2) 按修复受体,可分为土壤生物修复、河流水生物修复、湖泊水库生物修复、海洋生物修复、大气生物修复、矿区生物修复、垃圾场生物修复。

(3) 按修复场所,可分为原位生物修复、异位生物修复、联合生物修复。

生物修复必须遵循的原则主要是:① 适合的生物(生物修复的先决条件);② 适合的场所,即污染物和生物相接触的地点;③ 适合的环境条件;④ 适合的技术费用。

与化学、物理处理方法相比,生物修复技术有以下优点:① 原位进行对环境干扰小;② 简便、无二次污染;③ 与其他技术结合弹性大;④ 操作简便,成本低廉,仅为传统化学、物理修复经费的 30%～50%;⑤ 应用广泛(如水、土壤、大气等)。

但是,生物修复技术又有以下缺点:① 耗时长;② 对污染物有选择性;③ 低生物有效性、难降解性常使生物修复不能进行;④ 产生生物毒性;⑤ 受环境限制;⑥ 前期评价投资高。

参 考 文 献

［1］赵景联.环境科学导论［M］.北京：机械工业出版社,2005：15 - 30.

［2］何强.环境学导论［M］.北京：清华大学出版社,2004：10 - 30.

［3］陈玉成.污染环境生物修复工程［M］.北京：化学工业出版社,2003：8 - 20.

［4］鞠美庭.环境学基础［M］.北京：化学工业出版社,2004：5 - 25.

［5］程发良.环境保护基础［M］.北京：清华大学出版社,2014：10 - 20.

［6］赵景联.环境修复原理与技术［M］.北京：化学工业出版社,2006：7 - 14.

［7］张红振,董璟琦,司绍诚,等.中国环境修复产业发展现状与预测分析［J］.环境保护,2016,44(17)：50 - 53.

［8］周启星,宋玉芳.污染土壤修复原理和方法［M］.北京：科学出版社,2004：23 - 52.

［9］蒋小红,喻文熙,江家华,等.污染土壤的物理/化学修复［J］.环境污染与防治,2006,28(3)：210 - 214.

［10］周际海,袁颖红,朱志保,等.土壤有机污染物生物修复技术研究进展［J］.生态环境学报,2015,24(2)：343 - 351.

第 2 章　土壤修复的基本
概念和一般原理

　　土壤污染已成为全球环境问题,耕地和工矿业废弃地土壤环境质量堪忧,影响着生态环境和人类生存。随着经济社会的发展,一味追求经济效益而进行不恰当的工农业生产活动使得土壤环境污染日趋严重。改革开放初期,我国对土壤污染问题并不是很重视,土壤修复技术落后,设备化、产业化程度低,与国际先进的土壤修复技术水平存在较大差距。近些年来,随着城市化进程和污染企业转移速度的加快,企业搬迁遗留了大量的工业废弃场地。我国意识到土地环境治理关乎国家兴盛发展,不断推进和落实土地环境管理政策与法规,同时,越来越多的学者和科研机构也加入土壤修复研究领域中来。目前,土壤修复研究的技术体系基本形成,物理、化学、生物修复技术正快速发展,未来将会逐步进入产业化阶段。本章主要介绍土壤修复的概念和一般原理。

2.1　土壤的概念和基本性质

　　生命诞生于海洋,但人类的生产与生活却依附于土壤。人类在土壤中播下种子,在土地上制造工具,建设房屋,文明便由此发展。土壤让植物得以生长,人类也从植物获得最基础的食物。地球是一颗蓝色的属于水的星球,陆地只占 29% 的面积,而其中可供人类发展和利用的土壤更是少之又少。土壤的形成是一个漫长的过程,土壤并非生来就具有肥力特征,能够生长绿色植物。土壤是一种独立的自然体,是一定时期内,在一定的气候和地形等各种成土因素非常复杂的相互作用条件下,活有机体作用于成土母质而形成的。与生物发育一样,土壤发育也有一系列的过程。其中,母质、气候、生物、地形、时间是土壤形成的五大关键因素。

2.1.1　土壤与土壤环境

　　土壤是由固态岩石经风化而成,由固、液、气三相物质组成的多相疏松多孔体系,同时也是一个以固相为主的不均质多相体系。土壤固相包括土壤矿物质和土壤有机质。土壤矿物质占土壤固体总重的 90％以上；土壤有机质约占固体总重的 1％～10％，一般可耕性土壤有机质含量占土壤固体总重的 5％，且绝大部分在土壤表层。土壤液相是指土壤中的水分及其水溶物。土壤气相指土壤孔隙中存在的多种气体的混合物。典型的土壤约有 35％的体积是充满空气的孔隙。此外，土壤中还有数量众多的微生物和土壤动物等。土壤不但为植物生长提供机械支撑能力，而且能为植物生长发育提供所需要的水、肥、气、热等要素，因此自古以来就是农业生产的基础所在。

土壤环境实际上是指连续覆被于地球陆地地表的土壤圈层，它是人类的生存环境——四大圈层（大气圈、水圈、土壤-岩石圈和生物圈）的一个重要的圈层，连接并影响着其他圈层。

2.1.1.1　土壤的基本组成

土壤是由固、液、气三相物质构成的复杂的多相体系。土壤以固相为主，土壤固相包括矿物质、有机质和土壤生物；在固相物质之间为形状和大小不同的孔隙，孔隙中存在水分和空气。三相物质的相对含量因土壤种类和环境条件而异。土壤组分的比例（体积分数）为：矿物质约占 45％，有机质约占 5％，水占 20％～30％，空气占 20％～30％。

1）土壤矿物质

矿物质是土壤中最基本的组分，其质量占土壤固体物质总质量的 90％以上。矿物质通常是指天然元素或经无机过程形成并具有结晶结构的化合物。土壤矿物质按其成因可分为原生矿物和次生矿物两类。

（1）原生矿物　原生矿物指在物理风化过程中产生的未改变化学成分和结晶构造的造岩矿物，如石英、云母、长石等，属于土壤矿物质的粗质部分，形成砂粒（直径为 0.05～2.00 mm）和粉砂（直径为 0.002～0.05 mm）。原生矿物主要有硅酸盐类矿物、氧化物类矿物、硫化物类矿物、磷酸盐类矿物。

（2）次生矿物　次生矿物指原生矿物经化学风化后形成的新矿物，其化学成分和晶体结构均有所改变。次生矿物包括简单盐类、三氧化物、次生铝硅酸盐。其中，三氧化物和次生铝硅酸盐是土壤矿物质中最细小的部分，常称为黏土矿物，如高岭石、蒙脱石、伊利石、绿泥石、褐铁矿和三水铝石等，它们形成的黏粒（直径小于 0.002 mm）具有吸附、保存离子态养分的能力，使土壤具有一定的保肥性。

地球上大多数土壤矿物质都来自各种岩石，这些矿物经物理和化学风化作用从母岩中释放出来时，就成为土壤矿物质和植物养分的主要来源。

2）土壤有机质

土壤有机质是土壤中含碳有机化合物的总称。有机质按质量计算只占土壤固体总质量的 5％左右。土壤有机部分主要分为原始组织及其部分分解的有机质和腐殖质。原始组织包括高等植物未分解的根、茎、叶,动物分解原始植物组织,向土壤提供的排泄物和死亡之后的尸体等。这些物质被各种类型的土壤微生物分解转化,形成土壤物质的一部分。因此,土壤植物和动物不仅是各种土壤微生物营养的最初来源,也是土壤有机部分的最初来源。这类有机质主要累积于土壤的表层,占土壤有机部分总量的 10%～15%。有机组织经由微生物合成的新化合物,或者由原始植物组织变化而成的比较稳定的分解产物便是腐殖质(humus),占土壤有机部分总量的 85%～90%。腐殖质是一种复杂化合物的混合物,通常呈黑色或棕色,性质上为胶体状,它具有比土壤无机组成中的黏粒更强的吸附水分和养分离子的能力,因此,少量的腐殖质就能显著提高土壤的生产力。

3) 土壤生物

土壤中充满了各种生物,从微小的单细胞有机体到大的掘土动物,证明土壤是一种具有活性的物质,例如在每立方厘米耕层中细菌的数量可达 10^9 个,而在每立方厘米的森林土壤中,螨虫的数量可达 10^4 个。

土壤中的生物群可以分为土壤植物区系和土壤动物区系。土壤植物区系包括细菌、放线菌、真菌、藻类,以及生活于土壤中的高等植物器官(根系)等;土壤动物区系包括至少有部分生活史是在土壤中度过的所有动物,其种类繁多。

土壤生物是土壤有机质的重要来源,又主导着土壤有机质转化的基本过程。土壤生物对进入土壤中的有机污染物的降解以及无机污染物的形态转化起着重要作用,是土壤净化功能的主要贡献者。

4) 土壤水分

大气降水渗入土壤内部,充填土壤中的孔隙,形成土壤中的水分。根据水分在土壤中的存在方式,土壤水分通常可分为吸湿水、毛管水和重力水。存在于土壤颗粒表面的水膜称为吸湿水;当膜状的吸湿水充满土壤毛细孔隙后,靠毛管力而保持的土壤水分称为毛管水;经过长期降水或灌溉之后,土壤内部孔隙几乎全部被水分占据,达到饱和状态,使存在于大孔隙中的水因重力作用而下移,进入地下水潜水层,这种水分只能暂时保持在土壤中,一旦外来水源中断,则会很快流失,称为重力水。

5) 土壤空气

土壤空气来源于大气,它存在于未被水分占据的空隙中,但其性质与大气圈中的空气明显不同。首先,土壤空气是不连续的,由于不易于交换,局部孔隙之间的空气组成往往不同。第一,土壤空气一般含水量高于大气,在土壤含水量适宜时,土壤空气的相对湿度接近 100%。第二,土壤空气中 CO_2 含量明显高于大气,可以达到大气中浓度的几倍到上百倍,O_2 的含量略低于大气,N_2 的含量则与大气相当。这是由于植物根系的呼吸和土壤微生物对有机残体的好气分解消耗了土壤孔隙中的 O_2,同时产生大量的 CO_2。

2.1.1.2 土壤的性质

土壤的性质可大致分为物理性质、化学性质、生物性质。土壤的生物性质主要是指土壤的微生物性质,详见 2.1.1.1 节的"土壤生物"部分。应该注意的是,这三类性质往往不是孤立地在起作用,而是紧密联系、相互制约地对作物产生影响。三类性质的综合表现为土壤肥力。

1) 土壤的物理性质

土壤的物理性质在很大程度上决定着土壤的其他性质,例如土壤养分的保持、土壤生物的数量等。因此,物理性质是土壤最基本的性质,它包括土壤的结构、质地、密度、容重、孔隙度、颜色、温度等方面。

(1) 土壤结构　土壤结构是指土壤颗粒(砂粒、粉砂和黏粒)相互胶结在一起而形成的团聚体,也称为土壤自然结构体。团聚体内部胶结较强,而团聚体之间则沿胶结的弱面相互分开。土壤结构是土壤形成过程中产生的新性质,不同的土壤和同一土壤的不同土层中,土壤结构往往各不相同。土壤团聚体按形态分为球状、板状、块状和棱柱状四种。

(2) 土壤质地　土壤质地表示土壤颗粒的粗细程度,也即砂粒、粉砂和黏粒的相对比例。植物生长中许多物理、化学反应的程度都受到质地的制约,这是因为它决定着这些反应得以进行的表面积。按照土壤颗粒的大小,可以划分出不同的土壤粒级。根据砂粒、粉砂和黏粒在土壤中不同比例的组合情况,可以进行土壤质地的分类。

(3) 土壤孔隙　土壤孔隙度是指单位体积土壤中孔隙体积所占的百分数。土壤质地和土壤结构对土壤孔隙、土壤容重和土壤密度有很大影响。当容重和密度增加时,孔隙的体积便减小;反之,孔隙的体积则增大。就表土而言,砂质土壤的孔隙度一般为 35%～50%,壤土和黏土则为 40%～60%。有机质含量高,且团粒结构好的土壤的孔隙度甚至可以高于 60%,但紧实的淀积层的孔隙度可低至 25%。

土壤孔隙的大小不同,粗大的土壤颗粒之间形成大孔隙(孔径大于 0.1 mm),细小的土壤颗粒如黏粒之间则形成小孔隙(孔径小于 0.1 mm)。一般来说,砂土的容重大,总孔隙度较小,但大部分是大孔隙,由于大孔隙易于通风透水,所以砂质土壤的保水性差。与此相反,黏土的容重小,总孔隙度较大,且大部分是小孔隙,由于小孔隙中空气流动不畅,水分运动主要为缓慢的毛管运动,所以黏土的保水性好。由此可见,土壤孔隙的大小与孔隙的数量同等重要。

(4) 土壤温度　温度既是土壤肥力的因素之一,也是土壤的重要物理性质,它直接影响土壤动物、植物和微生物的活动,以及黏土矿物形成的化学过程的强度等。例如,在 0℃以下,几乎没有生物活动,影响矿物质和有机质分解与合成的生物、化学过程很微弱;在 0～5℃时,大多数植物的根系不能生长,种子难以发芽。

土壤温度的状况受到土壤质地、孔隙度和含水量的影响,主要表现为不同土壤的比热容和导热率的差异。

土壤比热容指单位质量(g)土壤的温度增减 1K 所吸收或放出的热量,单位是 J/g·K。土壤比热容仅相当于水的比热容的 $\frac{1}{5}$,因此,水分含量多的土壤在春季增温慢,在秋季降温也慢;相反,水分含量少的土壤在春季增温快,在秋季降温也快。此外,不同质地和孔隙度的土壤的比热容也不同,砂土的孔隙度小,比热容亦小,土温易于升高和降低,黏土则相反。

土壤导热率指单位截面(cm²)、单位距离(cm)相差 1K 时,单位时间(s)内传导通过的热量,单位是 J/(cm·s·K)。土壤三相组成中固体的导热率最大,其次是土壤水分,土壤空气的导热率最小。因此,土壤颗粒愈大,孔隙度愈小,则导热率愈大;土壤颗粒愈小,孔隙度愈大,则导热率愈小。例如砂土的导热率比黏土大,其升温和降温都比黏土迅速。

2) 土壤的化学性质

存在于土壤孔隙中的水通常是土壤溶液,它是土壤中化学反应的介质。土壤溶液中的胶体颗粒起着离子吸收和保存的作用;土壤溶液的酸碱度决定着离子的交换和养分的有效性;土壤溶液的氧化还原反应则影响着有机质分解和养分有效性的程度。因此,土壤化学性质主要表现在土壤胶体性质、土壤酸碱度和氧化还原反应三个方面。

(1) 土壤胶体性质　如前所述,次生黏土矿物和腐殖质是土壤中最为活跃的成分,它们呈胶体状态,具有吸收和保存外来的各种养分的性能,是土壤肥力形成的主要物质基础。

胶体一般指物质颗粒直径为 1~100 nm 的物质分散系。土壤胶体(soil colloid)颗粒的直径通常小于 1 μm,它是一种液-固体系,即分散相为固体,分散介质为液体。根据组成胶粒物质的不同,土壤胶体可分为有机胶体(如腐殖质)、无机胶体(黏土矿物)和有机-无机复合胶体三类。由于土壤中腐殖质很少呈自由状态,常与各种次生矿物紧密结合在一起形成复合体,所以,有机-无机复合胶体是土壤胶体存在的主要形式。

由于胶体颗粒的体积很小,所以胶体物质的比面(单位体积物质的表面积)非常大。土壤中胶体物质含量越多,其所包含的面积也就越大。据估算,在 10^4 m² 的土地面积上,如果 20 cm 深的土层内含直径为 1 μm 的黏粒 10%,则黏粒的总面积将超过 7×10^8 m²。根据物理学的原理,一定体积的物质比面越大,其表面能也越大。因此,胶体含量越高的土壤,其表面能也越大,从而养分的物理吸收性能越强。

胶体的供肥和保肥功能除了通过离子的吸附与交换来实现之外,还依赖于胶体的存在状态。当土壤胶体处于凝胶状态时，胶粒相互凝聚在一起，有利于土壤结构的形成和保肥能力的增强，但也降低了养分的有效性；当胶体处于溶胶状态时，每个胶粒都被介质所包围，彼此分散存在，虽可使养分的有效性增加，但易引起养分的淋失和土壤结构的破坏。土壤中的胶体主要处于凝胶状态，只有在潮湿的土壤中才有少量的溶胶。

（2）土壤酸碱度　土壤酸碱度又称土壤反应，它是土壤盐基状况的一种综合反映。土壤酸度是由 H^+ 引起的，而土壤碱度则与 OH^- 的浓度有关。当 H^+ 浓度大大超过 OH^- 浓度时，土壤溶液呈酸性；当 OH^- 浓度大大超过 H^+ 浓度时，土壤溶液呈碱性；如果两种离子的浓度相等，则土壤溶液呈中性。

土壤的活性酸度是由土壤溶液中游离的 H^+ 造成的，通常用 pH 值表示。化学上把溶液中氢离子浓度的负对数定义为 pH 值，对于土壤而言，pH 值就是土壤溶液中氢离子浓度的负对数。根据 pH 值的高低，可将土壤分为若干个酸碱度等级。另一种酸度称为潜在酸度，是土壤胶体所吸附的 H^+ 和 Al^{3+} 被交换出来进入土壤溶液中所显示的酸度，因为这些离子在被交换出来之前并不显示酸度，因此得名。

活性酸度和潜在酸度在本质上并没有截然的区别，两者保持着动态平衡的关系，可用反应式表示为

$$吸附的 H^+ 和 Al^{3+} \Leftrightarrow 土壤溶液中的 H^+ 和 Al^{3+}$$
$$潜在酸度 \qquad\qquad 活性酸度$$

假如加入石灰物质来中和土壤溶液的氢离子使酸度降低，上述反应将向右进行，结果是更多地吸附性氢离子和铝离子移动出来进入土壤溶液，变为活性酸度，使土壤酸度不会降低过快；而当较多的氢离子加入土壤溶液中时，溶液酸度升高，上述反应将向左进行，更多的氢离子被胶核所吸附，变为潜在酸度，使土壤酸度不会升高过快。土壤这种对酸化和碱化的自动协调能力称为土壤的缓冲作用，它使得土壤 pH 值具有稳定性，从而给高等植物和微生物提供了一个比较稳定的化学环境。

（3）氧化还原反应　土壤溶液中经常进行着氧化还原反应，它主要指土壤中某些无机物质的电子得失过程。根据化学知识，一个原子或离子失去电子称为被氧化，它本身是还原剂；而一个原子或离子得到电子称为被还原，它本身是氧化剂。土壤中存在着多种多样的氧化剂和还原剂，在不同的条件下，它们参与氧化还原过程的情况也不同。

土壤中的氧化作用主要由游离氧、少量 NO_3^- 和高价金属离子如 Mn^{4+}、Fe^{3+} 等引起，它们是土壤溶液中的氧化剂，其中最重要的氧化剂是氧气。在土壤空气能与大气进行自由交换的非渍水土壤中，氧是决定氧化强度的主要体系，它在氧化有机

质时,本身被还原为水:$O_2 + 4H^+ + 4e^- \longrightarrow 2H_2O$。在土壤淹水的条件下,大气氧向土壤的扩散受阻,土壤含氧量由于生物和化学消耗而降低。如果土壤中缺氧,则其他氧化态较高的离子或分子会成为氧化剂。

土壤中的还原作用是由有机质的分解、厌氧微生物的活动以及低价铁和其他低价化合物所引起的,其中最重要的还原剂是有机质,在适宜的温度、水分和 pH 值等条件下,新鲜而未分解的有机质还原能力很强,对氧气的需要量非常大。

一般来说,氧化态物质有利于植物的吸收利用,而还原态物质不仅使生物有效性降低,甚至会对植物产生毒害。生物有效性或称生物利用度,是生物对此类物质(还原态物质在污染土壤中一般指重金属)的利用度。

2.1.2　土壤环境污染

土壤污染是指人类活动产生的污染物通过各种途径输入土壤,其数量和速度超过了土壤净化作用的速度,破坏了自然动态平衡,污染物的积累逐渐占优势,导致土壤正常功能失调,土壤质量下降,从而影响土壤动物、植物、微生物的生长发育及农副产品的产量和质量的现象。

2.1.2.1　土壤污染概述

依据土壤受到侵害的程度,土壤污染可分为轻微污染、轻度污染、中度污染、严重污染和极度污染等多个范畴。因此,判定土壤污染时,不仅要考虑土壤背景值,更要考虑土壤生态的变异,包括土壤微生物区系(种类、数量、活性)的变化、土壤酶活性的变化、土壤动植物体内有害物质含量会引起的生物反应和对人体健康的影响等。有时土壤污染物超过土壤背景值,却未对土壤生态功能造成明显的影响;有时土壤污染物虽未超过土壤背景值,但由于某些动植物的富集作用而对生态系统构成明显的影响。所以,判断土壤污染的指标应包括两方面,一是土壤的自净能力,二是动植物直接或间接吸收污染物而受害的情况(以临界浓度表示)。总的来说,当土壤中有害物质过多,超过土壤的自净能力,引起土壤的组成、结构和功能发生变化,微生物活动受到抑制,有害物质或其分解产物在土壤中逐渐积累,并通过"土壤—植物—人体"或"土壤—水—人体"间接被人体吸收,达到危害人体健康的程度,这就是土壤污染。

通过各种途径进入土壤环境的污染物来源十分广泛,种类繁多,可通过迁移、转化进一步污染大气和水体环境,可通过食物链最终影响人类健康。根据污染物进入土壤的途径,可将土壤污染源分为污水灌溉、固体废弃物的土地利用、农药和化肥等农用化学品的施用及大气沉降等几个方面。从污染物的属性考虑,土壤污染源可分为有机污染物、无机污染物、生物污染物和放射性污染物四大类。有机污染物主要有合成的有机农药、酚类化合物、腈、石油、稠环芳烃、洗涤剂以及高浓度的可生化性有机物等。有机污染物进入土壤后可危及农作物生长和土壤生物生存。近年来，农用塑料地膜广泛应用，但由于管理不善，部分被遗弃田间，成为一种新的有机污染物。土壤中的无机污染物随人类采矿、冶炼、机械制造、建筑、化工等生产活动和生活垃圾进入土壤，这些污染物包括重金属、有害元素的氧化物、酸、碱和盐类等。其中尤以重金属污染最具潜在威胁，一旦污染，就难以彻底消除，并且有许多重金属易被植物吸收，通过食物链危及人类健康。生物污染物是指一些有害的生物，如各类病原菌、寄生虫卵等，它们从外界环境进入土壤后，大量繁殖，从而破坏原有的土壤生态平衡，并可对人畜健康造成不良影响。这类污染物主要来源于未经处理的粪便、垃圾、城市生活污水、饲养场和屠宰场的废弃物等。其中传染病医院未经消毒处理的污水和污物的危害最大。土壤放射性污染是指各种放射性核素进入土壤，使土壤的放射性水平高于背景值。这类污染物来源于大气沉降、污灌、固体废弃物的埋藏处置、施肥及核工业等，污染程度一般较轻，但污染范围广泛。放射性衰变产生的 α、β、γ 射线能穿透动植物组织，损害细胞，造成外照射损伤，或通过呼吸和吸收进入动植物体，造成内照射损伤[1]。

　　1）土壤污染的特点

　　土壤由于自身的特性，可接纳一定的污染，具有缓和和减少污染的自净能力。但土壤不易流动，自净能力十分有限，所以，保护土壤不受污染十分重要。土壤环境的多介质、多界面、多组分以及非均一性和复杂多变的特点，决定了土壤环境污染具有区别于大气环境污染和水环境污染的特点。土壤污染主要有以下几个方面的特点。

　　（1）土壤污染具有隐蔽性和滞后性。大气污染和水污染一般都比较直观，通过感官就能察觉，而土壤污染往往要通过土壤样品分析、农作物检测，甚至是人畜健康的影响研究才能确定。土壤污染从产生到发现危害通常时间较长。

　　（2）土壤污染具有累积性。与大气和水体相比，污染物更难在土壤中迁移、扩散和稀释。因此，污染物容易在土壤中不断累积。

　　（3）土壤污染具有不均匀性。由于土壤性质差异较大，而且污染物在土壤中迁移慢，导致土壤中污染物分布不均匀，空间变异性较大。

　　（4）土壤污染具有难可逆性。由于重金属难以降解，导致重金属对土壤的污染基本上是一个不可完全逆转的过程。另外，土壤中的许多有机污染物也需要较长时间才能降解。

　　（5）土壤污染治理具有艰巨性。土壤污染一旦发生，仅仅依靠切断污染源的方法很难使土壤环境恢复。总体来说，治理土壤污染的成本高、周期长、难度大。

　　2）土壤污染的方式、污染源和污染物种类

　　土壤污染的方式多种多样，有些是直接污染，有些是间接污染。除了一些蓄意或常规进行的污染方式（如夜间污水偷排）外，大多是突发性事件，以下举例说明化学品土壤污染的一些方式。

（1）为了提高作物产量，大量含有重金属的化肥和农药施入农田，造成农业土壤硝酸盐、重金属和农药的污染。

（2）存储化学品的容器外溢或容器设计失误造成泄漏，如前几年，首钢集团某储苯罐液面高位计失灵，泵工下班未交代，大量苯外溢，并发生火灾，救火过程污染了大面积土壤。

（3）铁路和公路运输化学品发生交通事故，工厂发生泄漏事故，化学品被事故性排放，造成土壤污染。

（4）化学品储罐和地下管线因长时期未加检测和修理发生破裂，逸出化学品。这种事故多发生在输油和输天然气的管道上，造成周围土壤污染。

（5）露天堆放煤、矿石或矿渣，垃圾、废弃物掩埋处理可产生明显的土壤污染，城市污水灌溉或任意排放也能污染农业土壤。

（6）油田、金属矿采掘会明显污染周围土壤和流域下游土壤。

论及污染源，土壤污染主要涉及工业污染源、农业污染源、生活污染源、商业污染源以及其他污染源（见表 2-1），如废弃物处置点，包括垃圾填埋场、污水处理厂等。例如，在垃圾填埋场，当垃圾渗滤液产生时，污染物随着渗滤液进入土壤，就会导致土壤污染的发生。

表 2-1　土壤污染源分类

化合物类型	典型地区或产生方式	移动能力	毒 性 效 应
农业化学物质	制造厂、储运、农场、作物喷洒	低	神经系统受损、致癌
汽油和柴油	加油站、军事基地、提炼厂	低到中	致癌
颜料	城市垃圾填埋场	中到高	重金属中毒、神经系统受损、致癌
溶剂	电子厂、汽车修理厂、军事基地	中到高	致癌、神经系统受损、中毒
多环芳烃（PAHs）	煤气制造	低到中	致癌
多氯联苯（PCBs）	—	低	致癌
二噁英	化学品制造、车辆和飞机的排放、废物燃烧	低	诱发肿瘤、氯痤疮

土壤污染物的种类繁多，包括了自然界几乎所有存在的物质，既有化学污染物也有物理污染物、生物污染物和放射性污染物等，其中以土壤的化学污染物最为普遍且严重和复杂。凡是妨碍土壤正常功能，降低农作物产量和质量，通过粮食、蔬菜、水果等间接影响人体健康的物质都称为土壤污染物。根据污染物的性质，土壤污染物一般可分为有机污染物、重金属、放射性元素和病原微生物。

（1）有机污染物　土壤有机污染物主要是化学农药。目前大量使用的化学农药有 50 多种,主要包括有机磷农药、有机氯农药、氨基甲酸酯类农药、苯氧羧酸类农药、苯酚类农药和胺类农药。此外,石油、多环芳烃、多氯联苯、甲烷等也是土壤中常见的有机污染物。目前,中国农药生产量居世界第二位,但产品结构不合理,质量较低,产品中杀虫剂占 70%,杀虫剂中有机磷农药占 70%,有机磷农药中高毒品种占 70%,致使大量农药残留,带来严重的土壤污染。初步统计,全国受污染的耕地约有 1 000 万公顷,有机污染物污染农田达 3 600 万公顷,主要农产品的农药残留超标率为 16%~20%;污水灌溉污染耕地 216.7 万公顷,固体废弃物堆存占地和毁田达 13.3 万公顷。每年因土壤污染减产粮食超过 1 000 万吨,造成各种经济损失约 200 亿元。

(2) 重金属污染　使用含有重金属的废水进行灌溉是重金属进入土壤的一个重要途径,另一个途径是重金属随大气沉降落入土壤。重金属主要有汞、铜、锌、铬、镍、钴等。由于重金属不能被微生物分解,土壤一旦被重金属污染其自然净化过程和人工治理都非常困难。此外,重金属可以被微生物富集,因此对人类有较大的潜在危害。全国 320 个严重污染区约有 548 万公顷,大田类农产品污染超标面积占污染区农田面积的 20%,其中重金属污染占 80%,粮食中重金属镉、砷、铬、铅、汞等的超标率占 10%。此外,被公认为城市环境质量优良的公园也存在着严重的土壤重金属污染。汽油中添加的防爆剂四乙铅随废气排出,污染土壤,使行车频率高的公路两侧常形成明显的铅污染带。砷被大量用作杀虫剂、杀菌剂、杀鼠剂和除草剂。此外,硫化矿产的开采、选矿、冶炼也会引起砷对土壤的污染。汞主要来自厂矿排放的含汞废水。土壤组成与汞化合物之间有很强的相互作用,积累在土壤中的汞有金属汞、无机汞盐、有机络合态或离子吸附态汞,所以汞能在土壤中长期存在。镉、铅污染主要来自冶炼排放和汽车尾气沉降,磷肥中有时也含有镉。

(3) 放射性元素污染　放射性元素主要来源于大气层核试验的沉降物,以及原子能和平利用过程中所排放的各种废气、废水和废渣。此外,还有铀矿和钍矿开采、铀矿浓缩、燃煤发电厂、磷酸盐矿开采加工等。大气层核试验的散落物可造成土壤的放射性污染,放射性散落物中,^{90}Sr、^{137}Cs 的半衰期较长,易被土壤吸附,滞留时间也较长。含有放射性元素的物质不可避免地会随自然沉降、雨水冲刷和废弃物堆放而污染土壤。土壤一旦被放射性物质污染就难以自行消除,只能通过自然衰变为稳定元素而消除其放射性。放射性元素可通过食物链进入人体,在人体内产生内照射,损伤人体组织细胞,引起肿瘤、白血病和遗传障碍等疾病。科研表明,氡子体的辐射危害占人体所受的全部辐射危害的 55% 以上,诱发肺癌的潜伏期大多在 15 年以上;我国每年因氡致癌约有 5 万例,而天津市区民众肺癌病例中,23.7% 由氡及其子体造成。

(4) 病原微生物　土壤中的病原微生物主要包括病原菌和病毒等,以及来源于人畜的粪便和用于灌溉的污水(未经处理的生活污水,特别是医院污水)。人类若直接接触含有病原微生物的土壤,可能会对健康带来影响;若食用被土壤污染的蔬菜、水果等则会间接受到影响。

　　3) 土壤污染对人类的危害

　　土壤污染可直接破坏土壤的正常功能,并可通过植物的吸收和食物链的积累进而危害人类健康。在人类历史上,由于土壤污染引起的疾病和环境公害事件屡见不鲜。例如,1955年日本富山县因土壤受到镉污染,该地区居民发生一种叫"痛痛病"的公害病,镉使当地居民发生全身性神经痛、关节痛、骨折,以至死亡。我国广东省翁源县新江镇周围受污水影响,使皮肤病、肝病和癌症成为高发病症。20世纪80年代末期,浙江省温州、台州一带村民私自在路边、农田拆解含有多氯联苯的电力电容器,泄漏的多氯联苯对当地土壤环境造成了严重污染,致使出生婴儿的缺陷率增加。广州市自1997年至2001年共发生因蔬菜农药残留引发的食物中毒事件28起,中毒人数为415人。东莞市高毒、高残留农药每年造成急性中毒5至7宗,约300人受害。20世纪后期,人类和动物的内分泌系统、生殖系统、免疫系统、神经系统也因土壤污染而出现了各种异常现象,如男性精子数减少、精液质量不断下降、精巢癌增加,女性宫颈癌上升,婴儿体重降低等。1992年丹麦科学家E. Carlsend等通过对20多个国家、15 000人的调查得出,在1940—1990年的50年间,人类精液质量不断下降,精子密度下降了50%,精液量减少了25%,并提出人类生殖系统功能下降是由环境污染物造成的。1998年底的统计数据表明,我国目前每8对夫妇中就有1对不育,该比例比20年前上升了3%。

2.1.2.2　土壤污染鉴别

　　未受或少受人类活动(特别是人为污染)影响,土壤环境本身的化学元素成分及其含量称为土壤环境背景值。土壤环境背景值是代表土壤环境发展的一个历史阶段的相对数值。土壤环境背景值是一个范围值,而不是确定值。土壤中含有大量的无机、有机和无机-有机复合的化学物质及大量的生物和生物活性物质,使土壤具有特殊的吸附性、酸碱性、氧化-还原性和生物活性,影响着土壤环境的物理、化学和生物化学的过程、特征和结果。这些性质使土壤环境单元具有一定的自净能力,使之能够承纳一定的污染物负荷,即土壤的环境容量。土壤环境的自净作用是指在自然因素作用下,通过土壤自身的作用,使污染物在土壤环境中的数量、浓度或毒性、活性降低的过程。按不同的作用机理可将土壤自净作用划分为物理净化作用、物理化学净化作用、化学净化作用和生物净化作用四个方面。这四种自净作用过程相互交错,共同构成了土壤环境容量的基础。尽管土壤环境具有多种自净功能,但这种净化能力很有限,人类还要通过各种措施来提高其净化能力。

　　根据美国国家环境保护局(United States Environmental Protection Agency,EPA)20世纪90年代关于"污染土地"的定义,我们认为以下四点有益于对土壤污染的认识和鉴别。

（1）人体健康效应　正在对人体健康产生显著危害或引起这种危害的可能性很大，其中这里的"显著危害"主要是指死亡、疾病、严重伤害、基因突变、先天性致残或对人的生殖功能造成损害等不良健康效应，如致癌、肝脏功能紊乱和皮肤病等，甚至包括污染导致的精神紊乱或分裂症。

（2）动物或作物效应　正在对动植物生长发育和繁殖产生显著危害或引起这种危害的可能性很大，包括导致家畜、野生动物、作物或其他生命体的死亡、疾病或其他物理损害。

（3）水污染效应　正在导致主要水体受到污染或可能受污染，也就是说，与该土壤接壤的各种水体（包括地表水和地下水）有受到污染的风险。

（4）生态系统效应　正在显著地影响或危害生态系统其他重要组分，而且这种危害使生态系统功能产生不可逆转的不良变化，涉及对特有或珍稀生物物种的不良效应。

2.2　土壤修复的概念

1991 年和 1992 年召开的国际土壤环境质量学术讨论会使改善土壤环境质量成为现代土壤学和环境科学发展的前沿。在我国，因为城镇化、现代化、工业化的不断进行，不同来源的各种污染物源源不断进入土壤环境中，土壤污染问题愈发严峻，土壤修复也成为国内环境污染防治研究的重点。2016 年 5 月 31 日，《土壤污染防治行动计划》（简称"土十条"）颁布并实施，明确了我国土壤环境保护现状及保护目标。

"土十条"以 2020 年、2030 年、2050 年三个时间点为节点，明确要求到 2050 年，土壤环境质量全面改善，生态系统实现良性循环。2017 年底，中国人大网公布了《中华人民共和国土壤污染防治法（草案）》，向社会各界征求意见。"土十条"和《中华人民共和国土壤污染防治法（草案）》的颁布表明我国的土壤污染防治事业迈上了一个新台阶，土壤环境问题越来越得到全社会的关注。土壤环境质量与农业生产、人类健康和社会稳定息息相关，对土壤环境质量研究进行回顾，了解其研究进展，展望未来土壤环境质量研究的发展趋势，对我国的农业、食品、生态安全以及实现绿色可持续发展有着极为重要的理论和现实意义[2]。

2.2.1　土壤修复及其基本原则

土壤修复（soil remediation）就是采用一定的技术手段，依据土壤生态系统理论，对各种污染土壤进行治理和定向培育的过程，以转移、吸收、降解和转化土壤中的污染物，使其浓度降低到可接受的水平，或将有毒有害的污染物转化为无害的物质。从根本上说,污染土壤修复的技术原理包括改变污染物在土壤中的存在形态或与土壤的结合方式,降低其在环境中的可迁移性与生物可利用性;降低土壤中有害物质的浓度。近年来,世界各国开始重视污染土壤治理技术的研究,欧美国家先后投入大量的人力、物力进行污染土壤的修复和治理,污染土壤的修复技术研究成为当前环境保护工程、科学和技术研究的一个新热点。

由于土壤所具有的特殊性质,其修复应具备以下三个基本原则。

(1) 高效性　在一定时间内,通过相应的投入,达到期望的修复目的。

(2) 无污染性　土壤修复不能造成二次污染或污染物的转移。

(3) 不可逆性　修复过程不能出现反复。

2.2.2　土壤修复案例

土壤修复产业有一定的生命周期。根据美国土壤修复产业发展的历史经验,土壤修复产业的生命周期可以分为准备阶段、起步阶段、跃进阶段、调整阶段。

我国土壤修复产业处于行业的起步阶段,本章列举的案例是近年来国内土壤修复的典型工程案例,详细列出了修复项目名称、主要修复技术、工程简介及修复效果,旨在为土壤修复技术市场提供借鉴。

1) 北京化工三厂土壤修复

(1) 目标污染物:四丁基锡、邻苯二甲酸二辛酯、滴滴涕(DDT)、铅、镉等有害化学物质。

(2) 主要修复技术:水泥窑焚烧固化处理技术、阻隔填埋处理技术。

(3) 修复工程量:65 000 m³。

(4) 施工单位:北京金隅红树林环保技术有限责任公司。

工程简介:北京化工三厂作为化工生产基地近五十年,土壤中含有四丁基锡、邻苯二甲酸二辛酯、滴滴涕、铅、镉等大量有害化学物质。根据北京市规划委员会文件,该场地被规划为宋家庄经济适用房项目建设用地。

(6) 修复效果:修复后的北京化工三厂土壤各项指标经北京市环保局检测,符合居民土壤健康风险评价建议值标准,该工程为国内首例污染土壤修复项目。

(7) 点评:作为国内首例土壤修复项目,在行业内起到了标杆作用,采用水泥窑焚烧固化处理技术处置污染物,做到了无害化、减量化和资源化。利用阻隔填埋方法处理时,需要注意施工质量,免得施工不当引起二次污染。

2) 苏州化工厂原址 2 号地块污染土壤和地下水治理项目

(1) 目标污染物:土壤污染物,包括苯、氯乙烯、四氯化碳、1,1,2-三氯乙烷、氯仿、1,2,3-三氯丙烷、二甲基硫、二甲基二硫、镍、砷和镉;地下水污染物,包括苯、氯乙烯、1,2-二氯乙烷、1,1,2-三氯乙烷。

（2）修复工艺：采用原位热解吸修复技术处理下层有机污染土壤，采用异位热解吸修复技术处理表层有机污染土壤，采用原位固化稳定修复技术处理下层重金属污染土壤，采用异位固化稳定修复技术处理表层重金属污染土壤；采用抽出和吹脱处理修复技术处理场地污染地下水。

（3）修复工程量：土壤修复工程量为 210 000 m^3；地下水治理总量为 69 000 m^3。

（4）修复周期：270 天。

（5）施工单位：中科鼎实环境工程有限公司。

（6）工程简介：苏州化工厂创建于 1956 年，是一家以农药生产为主的国有大型化工企业。1990 年，苏州化工厂和苏州溶剂厂等改制成立江苏化工农药集团有限公司（以下简称"苏化集团"）。2003 年，苏化集团完成了产权制度的改革，从事化工农药生产超过 40 年，主要生产经营各类农药及其中间体、氯碱、合成载热体、食品添加剂、橡胶助剂、PVC 异型材六大类 50 多种产品。目前苏化集团搬迁至江苏苏化集团张家港有限公司，原址由苏州市土地储备中心收储管理。该项目是集五项修复工艺于一身的污染修复工程。

（7）修复效果：达到修复目标值。

（8）点评：通过原位热解吸、异位热解吸、原位热脱附、原位固化稳定、异位固化稳定五项修复工艺，彻底解决了项目土壤污染问题，开启了综合修复工艺的先河。

3）世界银行多氯联苯管理与处置示范项目

（1）主要污染物：多氯联苯（PCBs）。

（2）修复技术：热脱附。

（3）污染土方量：110 000 m^3。

（4）施工单位：中节能大地环境修复有限公司。

（5）项目简介：对浙江省 PCBs 封存点状况进行摸底调查，建设 PCBs 热脱附处置站。在此基础上对浙江省多个 PCBs 封存点污染土壤进行清运，并利用间接热脱附设备对污染土壤进行有效处置。

（6）修复效果：处置后土壤全部达到相关标准要求。

（7）点评：热脱附技术具有污染物处理范围宽、设备可移动、修复后土壤可再利用等优点，特别是对 PCBs 这类含氯有机物，非氧化燃烧的处理方式可以显著减少二噁英生成。

4）原江南化工厂退役厂区土壤治理工程

（1）目标污染物：重金属、六氯环己烷（六六六）、挥发性有机化合物（VOCs）、多环芳烃（PAHs）、苯、三乙胺。

（2）修复技术：重金属污染土壤采用异位稳定化技术，六六六和重金属的复合污染土壤采用水泥窑协同处置技术，VOCs 污染土壤采用异位化学升温技术，六六六重度污染土壤采用异位热脱附技术,PAHs 污染土壤采用阻隔风险管控。

(3) 修复工程量:地下水修复量为 100 686 m³,修复土方量为 220 000 m³。

(4) 工程周期:300 天。

(5) 施工单位:中科鼎实环境工程有限公司、北京建工环境修复股份有限公司。

(6) 工程简介:该场地位于江苏镇江,面积约为 300 000 m²,原用途是化工厂,拟规划建设游客服务中心、海洋馆、滨水露天剧场等。本项目属于复合污染,包含重金属、PAHs、VOCs 等,采用多种技术,分类处理,同时对深层地下水进行抽提-化学氧化处理。

(7) 修复效果:达到修复目标值。

(8) 点评:该场地修复特点是地块内分区,使用不同的修复目标值。项目完成后有效改善区域土壤环境质量,使土壤环境风险和隐患得到全面控制。符合《土壤污染防治行动计划》和《江苏省土壤污染防治工作方案》的要求。

5) 河北某化肥厂砷污染修复工程

(1) 目标污染物:砷。

(2) 修复技术:固化/稳定化技术和覆土阻隔技术。

(3) 修复工程量:修复土方量为 30 042 m³,阻隔铺设量为 11 648.18 m²。

(4) 工程周期:150 天。

(5) 施工单位:北京建工环境修复股份有限公司。

(6) 工程简介:本场地位于中国河北省某城市,由于长期生产作业导致该厂区存在较严重的砷污染,主要集中在净化车间、铜洗车间及污水处理车间,根据场地调查报告得知现场砷最大浓度为 4 840 mg/kg,最大清挖深度为 8.3 m。

(7) 修复效果:污染土壤与固化/稳定化药剂反应 12 小时后,土壤浸出液中污染物浓度小于 1 mg/L,达到修复目标值。

(8) 点评:虽然固化/稳定化是一种快速、经济的处理技术,但关于固化体长期稳定性的研究还十分缺乏,因此,有必要定期对固化/稳定化处理的污染土壤进行取样检测,长期追踪污染物在环境中的稳定趋势,目前的法规并未对上述过程加以要求,这一现状仍有待改善。

6) 江苏某遗留农药污染场地土壤修复工程

(1) 目标污染物:苯系物(BTEX)、PAHs 等挥发性或半挥发性有机物(SVOCs)。

(2) 修复技术:常温解吸、热解吸。

(3) 修复工程量:修复土方量为 247 000 m³。

(4) 工程周期:440 天。

(5) 施工单位:北京建工环境修复股份有限公司。

(6) 工程简介:本项目所在地的两个化工厂过去曾大规模生产农药、精细化工等近百种产品,经场地调查与风险评估发现,两个厂区内土壤及厂区毗邻河道底泥都受到以 VOCs 和 SVOCs 为主的有机污染,局部地区污染深度可达地表以下 7.5m。综合考量场地土壤及底泥污染特点,选择常温解吸技术修复 VOCs 污染土壤,选择热解吸技术修复 VOCs 及 SVOCs 复合污染土壤。

(7) 修复效果:根据第三方实验室检测结果,修复后土壤中污染物浓度均达到修复目标值。

(8) 点评:热解吸技术和常温解吸技术都是处理有机物污染土壤的物理处理技术。两种技术的主要区别在于温度的差异,热解吸技术需要使用热源对污染土壤加热,温度通常为 100~600℃;常温解吸技术通常只要求室温或比室温稍高的温度。

7) 紫金山金铜矿湿法厂污染场地修复工程

(1) 目标污染物:铜、铁、酸性物质等。

(2) 主要技术:柔性水平垂直防渗技术、生态屏障技术。

(3) 工程量:1 300 000 m^2。

(4) 施工单位:北京高能时代环境技术股份有限公司。

(5) 工程简介:该项目位于福建省西南部,矿区属于低侵蚀山地地形,矿区面积为 4 km^2 左右,污染物为铜、铁、酸性物质等。该项目采用污染源头控制[高密度聚乙烯(HDPE)膜水平/垂直阻隔],废水导排、收集、处理,场地生态修复等技术。

(6) 效果:从源头有效阻隔污染源,避免大规模的污染出现。

(7) 点评:开创国内多项技术处理的先河,提出了"多屏障系统"的新理念,在国内外都没有先例,对建设高标准的金属矿堆浸矿山具有示范性作用。

8) 湖南省常宁市农田土壤修复

(1) 目标污染物:重金属镉等有害化学物质。

(2) 主要修复技术:森美思土壤重金属去除技术。

(3) 修复工程量:10 000 m^2(第一期试验)。

(4) 施工单位:湖南森美思环保有限责任公司(格丰环保科技有限公司子公司)。

(5) 工程简介:该工程位于湖南省常宁市罗桥镇,属传统的天堂山石盘贡米生产区。该地区土壤为黑色肥沃壤土,土壤有机质含量较高,通气性能好。经检测,核心地区土壤硒元素含量达到 0.54 mg/kg,极利于开发富硒农作物,但同时也存在重金属污染。

(6) 修复效果:试验证明,水稻中的镉含量减少了 82%~96%,使"镉大米"变成了达到国家标准要求的安全大米。

(7) 点评:森美思材料(改性多孔陶瓷纳米材料)在农田土壤修复中的应用成

效卓著,经现场评议会取得高度评价,为目前正在开展的湖南长株潭三市大规模农田修复项目提供了可靠的数据支持。森美思技术不影响农作物的耕种、不影响土壤的结构和特性、不产生二次污染。森美思材料一次使用可长效吸附土壤中不断转化的重金属离子[3]。

2.3　退化土壤的植被重建

人类对植被和自然资源不合理的开发利用,以及对生态保护和环境整治的忽视,引起了自然条件恶化、水土流失、土壤退化等环境问题。大面积植被破坏后的严重水土流失是加剧土壤系统退化的主要原因。这类退化的生态系统土地贫瘠、水源枯竭、生态环境恶化,从而严重制约着农业生产的发展,影响了人类生存空间的质量。

植被重建是利用植物对退化土壤进行恢复的一种技术,需要依据合适的生物、在合适的场所、合适的环境条件和合适的技术费用下进行。植被重建需要遵循 3 个原则,即自然法则、社会经济技术原则和美学原则,同时也要遵循改良、恢复和重建三个理论。改良指稳定某一地区的美观和土地恢复利用;恢复指让生态系统的过程、生产力、服务功能和生态系统的介入功能得到恢复;重建指让生态系统回到原来的状态和功能。

2.3.1　植被重建的基本概念

植被重建是恢复生态学的主要组成部分。恢复生态学是 20 世纪 80 年代迅速发展起来的现代应用生态学的一个分支,主要致力于那些在自然灾害和人类活动压力下受到破坏的自然生态系统的恢复与重建,它是最终检验生态学理论的判决性试验。

1) 植被重建

重建(reconstruction)的含义是再造。植被重建指依据生态学波动和演替原理恢复原来的植被,属于恢复生态学范畴。重建属于演替还是波动,根据持续时间的长短而定。有学者认为,重建未必是要恢复成原来的植被类型或景观。

2) 植被

植被(vegetation)即"植物的覆盖",它指的是地球表面活的植物覆盖,包括自然植被或野生植被、人工植被或人工群落、栽培植被或庄稼植被。

3) 植被生态学

植被生态学是关于植被与其环境相互间关系的学科,其学科范围涉及气候学、土壤学、植物学、种群学、区系学,以及数学、物理、化学、地史、地理以及社会科学等。

4）植被恢复生态学

植被恢复生态学是研究植被恢复与重建技术和方法、生态过程与机理的学科，它是植被生态学的一个分支学科。恢复（restoration）是一个概括术语，它包括改造（reclamation）、康复（rehabilitation）、挽救（redemption）、更新（renewal）以及再植（replantation）等含义。

5）退化生态系统

在干扰的作用下，生态系统的结构和功能发生位移（displacement），其结果打破了原有生态系统的平衡状态，使系统的结构和功能发生变化和障碍，形成破坏性波动或恶性循环。

2.3.2 植被重建的理论基础

退化生态系统的恢复与重建要求在遵循自然规律的基础上，通过人类的作用，根据技术上适当、经济上可行、社会能够接受的原则，使受害或退化生态系统重新获得健康并有益于人类生存与生活的生态系统重构或再生过程。植被重建的理论基础一般包括重建目标、多样性、植被生态系统的自我恢复和循环3个方面。

1）重建目标

在地表由热量、降水、土壤和地形等因素组成的特定地段，生活着与环境因素相适应的一个植物群体。通常所谓的森林带、草原带、荒漠带等指的是在不加人为干扰的情况下，由显性的自然因子组合决定的本地区最适宜的、稳定的、优势的植物群体，也称为顶极群落。

顶极群落规定了一个地区在保持自然界自身运动的条件下所能建设的最高等级的通过长期演替才可达到的植被类型。如果一个地区的原生或次生的植被类型被破坏，它的恢复须从比顶极群落低的类型开始。例如从裸地发展到草地，再到灌木林地，进一步到乔木林地。即使要将干草原从裸地恢复到它的原貌，也须经过从裸地到杂草群落再到杂类草群落，最后到禾草草原的演替过程。因为杂草适应环境的能力最强，耐旱、耐瘠薄，能在艰苦的环境中生活下来。群落演变的每一步都为后续群落类型的生活积累了养分、改善了环境。植物群落由低级向高级逐步适应环境而演变到顶极群落的过程称为植被演替规律。

2）多样性

多样性能否有利于生态系统稳定的重要衡量标准是看其形成的调控生态系统的反馈机制的性质。负反馈机制能提高生态系统内稳定的程度，而正反馈机制会破坏生态系统的内稳定状态。西北地区植被形成的生态系统反馈机制的主要内容是对水的调蓄功能。

植被类型的空间分异规律是通过热量自赤道向两极的逐渐减少，以及降水由沿海向陆地内部的逐渐下降形成了地带性(纬度地带性和经度地带性)。地形变异往往打破地带性,形成非地带性。植被生境就是由地带性和非地带性规定的,因此植被的空间分异严格遵循上述规律。地形的巨大差异形成等高延伸、垂直更替的垂直带,通常称为垂直地带性规律。

3)植被生态系统的自我恢复和循环

植被破坏后难以恢复的一个重要原因是没有自身下种的功能;人工植被也因没有良好的循环能力而逐渐衰落,这是长期植树种草难以大面积显效的重要原因之一。生态系统以土壤为支撑,以生物为主体建立起一个水、土、大气、生物等共同参与的物流、能流循环体系。绿色植物利用光能在叶绿体里把二氧化碳和水等无机物合成有机物,释放氧气,同时把光能转变成化学能储存在合成的有机物中,从而使植物体自身得到生长壮大;再经枯荣交替形成覆盖于土壤表面的枯枝落叶层,并在水、气、热和微生物的共同作用下形成腐殖质层,他们共同构成"海绵层";"海绵层"不断分解有机物质,并且蓄积降水补给土壤,不但增加土壤养分,而且在土壤成分变化的同时改善土壤结构,增强土壤的渗水能力,提高土地生产力,为植物的生长奠定更厚实的基础。

生态系统的物质循环是一个不断改善生存环境,同时也使自身结构更趋稳定的有序化过程,也正是通过这一循环过程,才能使生态系统的种种功能得以完善和正常发挥。人工植被生态系统的循环大都断于"海绵层"。

2.3.3 植被重建示例

植被重建技术用于修复由于人类扰动造成的地表创面,包括受损土壤和植被系。构建的植被系统可自主循环、自然衍生,逐渐形成自维持、免人工养护的植被生态系统。

1)采矿废弃堆场植被重建

利用污水、污泥使矿山废石场复苏。硬煤产品和矾土加工产生的废石场需要实现安全和经济的复垦,因为废物场是形成有毒滤出物、气体、灰尘的根源,如果不对其进行适当处理,它将是一个严重的环境问题。处理这些废物场的一个方法是用足够厚的天然土壤层覆盖它们,天然土壤肥沃,可以起屏障作用,减少滤出物渗透到地下水中。土壤的厚度要足以让植物在废物场上扎根生长。

设想中的人工土壤有两种成分:无机部分,它代表人工土壤的母质,主要由工业残渣如灰、废岩石和建筑碎渣组成;有机部分,主要由来自污水处理厂的污水、污泥组成。

2)黄土高原植被重建

由于黄土高原原生植被已不复存在,代之以天然次生植被与人工植被,再加上人为活动破坏作用,诱发了严重的水土流失,致使森林植物条件恶化,现有植被在某种程度上已不能客观地反映出植被地带性实质。黄土高原的植被重建始于20世纪50年代,60年代和70年代曾开展规模宏大的植树造林;80年代和90年代,该地区的植被恢复重建再次成为改善生态环境的主要措施。由于黄土高原地形破碎,生态条件极其复杂多样,在植被恢复与重建中出现许多新的问题,其中水分亏缺、树草种单一、人工建造植被保存率低等表现为主要矛盾。该地区植被重建中需要研究和探讨的问题主要包含黄土高原极度退化生态区植物先锋种的选择与研究,黄土高原呈岛屿状存在的天然次生林生态系统中以水分和养分为中心的物流关系、植物种间他感作用、植物种生态位等基础研究,人工模拟天然植被结构区域的定位试验研究,逆境条件下的人工植被建造技术试验研究。

3) 红壤侵蚀区植被修复

红壤是我国长江流域以南各种红色或黄色酸性土壤的总称,面积达2.18亿公顷,占全国土地面积的22.7%,是我国重要的土壤资源和多种农林产品的主产区。多年来,由于自然与人为因素的干扰,红壤地区已成为我国水土流失范围最广、程度较高的地区,严重程度仅次于黄土高原,环境日趋恶化,是我国治理土壤侵蚀和水土流失的重点区域之一。

红壤侵蚀区指土壤侵蚀强烈、水土流失严重和生态退化趋势明显的红壤分布区。关于红壤侵蚀区植被恢复的研究主要有以下几个方面。

(1) 群落优势种与红壤侵蚀区退化阶段关系的研究 揭示红壤侵蚀区退化阶段与其群落优势种的内在联系,根据现存植物群落优势种确定红壤侵蚀区植被退化阶段,或者根据其退化阶段确定植被恢复群落的优势种,掌握该优势种的生物学特性和对环境的适应性及生态位关系,由此构建植被恢复群落的优化结构。

(2) 红壤侵蚀区退化阶段与土壤特征关系的研究 了解红壤地区主要土壤类型以土壤水分和养分为主要特征的退化规律,从而根据红壤侵蚀区的土壤特征确定其植被退化阶段。

(3) 胁迫因素及其控制方法的研究 胁迫因素是制约植被恢复群落发生发展的关键因素。揭示各阶段的胁迫因素及其控制方法有利于探求适应于不同土壤类型、不同侵蚀程度地区的植被恢复方法。

(4) 乡土种的筛选与应用研究 筛选优良的乡土种类既能充分挖掘红壤地区丰富的植物资源,又有利于建立适合地方自然条件和经济发展特点的植被恢复模式。

2.4 污染土壤修复的一般原理

污染土壤修复技术的研究起步于20世纪70年代后期。在过去的30年间,欧洲以及美、日、澳等国家纷纷制定了土壤修复计划,投入巨额资金,研究了土壤修复技术,开发了相应设备,积累了丰富的现场修复技术与工程应用经验,成立了许多土壤修复公司和网络组织,使土壤修复技术得到了快速发展。我国的污染土壤修复技术研究起步较晚,在"十五"期间才得到重视,列入了"国家高技术研究发展计划",其研发水平和应用经验都与美、英、德、荷等发达国家存在相当大的差距。土壤修复理论与技术已成为土壤科学、环境科学以及地表过程研究的新内容。土壤修复学已经成为一门新兴的环境科学分支学科,修复土壤学也将发展成为一门新兴的土壤科学分支学科[4]。修复土壤学除了包含与土壤环境污染相关的修复技术知识,还涵盖了应对土壤侵蚀、土壤盐碱化、土壤肥力退化等问题的土壤改良和修复技术。

经过近十多年来在全球范围内的研究与应用,包括生物修复、物理修复、化学修复及其联合修复技术在内的污染土壤修复技术体系已经形成,并积累了不同污染类型场地土壤综合工程修复技术应用经验,出现了污染土壤的原位生物修复技术和基于监测的自然修复技术等研究的新热点。

2.4.1　物理修复技术

物理修复是污染环境修复技术中最传统的方法,其作为一大类污染环境修复技术,近年来得到较快的发展。

2.4.1.1　污染环境的物理修复概念及特点

物理修复主要是利用污染物与环境之间各种物理特性的差异,达到将污染物从环境中去除的目的。物理修复具有高效、快捷、积极、修复时间较短、操作简便、对周围环境干扰少、对污染物的性质和浓度不是很敏感等特点,所以应用范围很广。近年来物理修复在污染土壤的治理方面得到了较大的发展,但相对于近年来迅速发展的生物修复技术,物理修复技术也存在不少缺点,如修复效果不尽人意、所需费用较高、耗人力物力较多、有可能引起二次污染等。

2.4.1.2　物理修复技术的类型

根据处理对象的位置是否改变,污染环境的物理修复技术可以分为原位物理修复技术和异位物理修复技术两种,具体的原位和异位修复技术的实施方法和应用举例将在第 4 章中详细介绍。

物理修复技术主要包括换土法、物理分离技术、蒸气浸提技术、固化/稳定化修复技术、电动力学修复技术及热力学修复技术等。

1) 换土法

换土法是用未受污染、新鲜的土壤全部或部分替换被污染的土壤,达到稀释污染物的目的。其去除机理是利用土壤的环境容量降低污染物浓度水平,包括翻土、换土和客土 3 种方法[5]。翻土即采用深层未受污染的土壤,换土则是将受污染的土壤转换为未受污染的土壤,客土则是将未受污染的土壤直接加入污染土壤中。该法适用于受污染面积较小的污染土壤的治理[6]。

2) 物理分离技术

物理分离技术是一项借助物理手段分离污染物的技术,工艺简单、费用低。通常情况下,物理分离技术被作为初步的分选技术,以减少待处理污染物的体积,优化以后的序列处理工作。一般来说,物理分离技术不能充分达到环境修复的要求。物理分离技术已经在化学、采矿和选矿工业中应用了几十年。在原理上,大多数污染环境物理分离技术基本上与化学、采矿和选矿工业中的物理分离技术相同,主要是基于介质及污染物的物理特征而采用不同的操作方法:① 依据粒径大小,采用过滤或微过滤的方法进行分离;② 依据分布、密度大小,采用沉淀或离心的方式分离;③ 依据有无磁性或磁性大小,采用磁分离的手段;④ 根据表面特性,采用浮选法进行分离。

经验表明,物理分离技术主要用于污染环境中无机污染物的修复处理上,从土壤、沉积物、废渣中富集重金属,清洁土壤,恢复土壤正常功能。对于分散于污染环境中的重金属颗粒,可以根据其颗粒直径、密度或其他物理特性使之得以分离。例如,根据重力分离法去除汞,用筛分或其他重力手段分离铅,用膜过滤的方式分离高价重金属如金、银等。大多数物理分离修复技术都有设备简单、费用廉价、可持续高产出等优点,但是在具体分离过程中,判断其技术的可行性需要考虑各种因素的影响。例如,物理分离技术要求污染物具有较高浓度并且存在于具有不同物理特征的相介质中;筛分干污染物时会产生粉尘;固体基质中的细粒径部分和废液中的污染物需要进行再处理。

3) 蒸气浸提技术

土壤蒸气浸提(soil vapor extraction,SVE)技术是指通过降低土壤空隙蒸气压,把土壤中的污染物转化为蒸气形式而去除的技术,是利用物理方法去除不饱和土壤中挥发性有机物(VOCs)的一种修复技术。该技术适用于处理污染物为高挥发性化学成分(如汽油、苯和四氯乙烯等)的环境污染。

蒸气浸提技术的原理是在污染环境中引入清洁空气产生驱动力,利用土壤固相、液相和气相之间的浓度梯度,在气压降低的情况下,将污染物转化为气态排出土壤的过程。土壤蒸气浸提利用真空泵产生负压驱使空气流过污染土壤的孔隙而解吸,并挟带有机组分流向提取井,最终在地面进行处理。为增加压力梯度和空气流速,很多情况下在污染土壤中也安装若干空气注射井。根据蒸气浸提修复原理,该方法可分为原位土壤蒸气浸提技术和异位土壤蒸气浸提技术。

(1)原位土壤蒸气浸提技术是指利用真空通过布置在不饱和土壤层中的提取

井向土壤中导入气流,气流经过土壤时,挥发性和半挥发性的有机物挥发并随空气进入真空井,使土壤得到修复。根据受污染地区的实际地形、钻探条件或其他现场具体因素的不同,可选用垂直或水平提取井进行修复。

(2)异位土壤蒸气浸提技术是指在异地堆积的污染土壤中导入气流,促使挥发性和半挥发性的污染物挥发,并随土壤中的清洁空气流脱离土壤。

蒸气浸提技术可操作性强,处理污染物的范围广,可由标准设备操作,不破坏土壤结构,并且在回收利用废物方面有潜在价值。

4）固化/稳定化修复技术

固化/稳定化修复技术通过降低污染物在土壤中的可溶性和吸收性,然后将土壤包埋在一个坚固的基质中,抑制污染物迁移。将水泥、炉渣和石灰混合物加入污染土壤中搅拌均匀凝固后可形成一个大石块,土壤包埋其中,达到完全隔离污染带的目的[5]。该法适用于土壤的暂时修复,它限制了土壤的将来使用,并且随着时间的推移,污染物可能会再次污染环境。

5）电动力学修复技术

电动力学修复(简称电动修复)技术是通过电化学和电动力学的复合作用(电渗、电迁移、电泳和酸性迁移等)驱动污染物富集到电极区进行集中处理或分离的过程。电动修复技术早期应用于土木工程中的水坝和地基的脱水和夯实中,在油类提取工业和土壤脱水方面的应用也已经有几十年的历史了。最近几年开始了在原位土壤修复和受污染地下水修复方面的应用,是刚发展起来的一种新兴原位物理修复技术,可从饱和土壤层、不饱和土壤层、污泥、沉积物中分离提取重金属和有机物。

电动修复技术的基本原理类似于电池,利用插入介质(土壤或沉积物)中的两个电极在污染介质两端加上低压直流电场,在低强度直流电的作用下,水溶的或者吸附在土壤颗粒表层的污染物根据各自所带电荷的不同而向不同的电极方向运动。阳极附近的酸开始向介质的毛细孔移动,打破污染物与介质的结合键,此时,大量的水以电渗透方式在介质中流动,土壤等介质毛细孔中的液体被带到阳极附近,这样就将溶解到介质溶液中的污染物吸收至土壤表层而得以去除。通过电化学和电动力学的复合作用,土壤中的带电颗粒在电场内定向移动,土壤污染物在电极附近富集或者被收集回收。污染物去除主要涉及电迁移、电渗析、电泳和酸性迁移4种电动力学过程。电动力学技术主要用于低渗透性土壤(由于水力传导性问题,传统的技术应用受到限制)的修复,适用于大部分无机污染物,也可用于对放射性物质及吸附性较强的有机物的治理。电动修复技术速度较快、成本较低,特别适用于小范围的、黏质的多种重金属污染土壤和可溶性有机物污染土壤的修复;对于不溶性有机污染物,需要采用化学增溶,但易产生二次污染。

6）热力学修复技术

热力学修复技术涉及利用热传导（如热井和热墙）或辐射（如无线电波加热）实现对污染环境（如土壤）的修复，如高温（约 1 000℃）原位加热修复技术、低温（约 100℃）原位加热修复技术和原位电磁波加热技术等。与玻璃化技术不同的是，热力学修复技术即使是高温加热修复，其温度也相对较低。

（1）高温原位加热修复技术　高温原位加热与标准土壤蒸气提取过程类似，利用气提井和鼓风机（适用于高温情况）将水蒸气和污染物收集起来，通过热传导加热。可以通过加热毯在地表进行加热（加热深度可达到地下 1 m），也可以通过安装在加热井中的加热器件加热，处理地下深层的土壤污染。在土壤不饱和层利用各种加热手段甚至可以使土壤温度升至 1 000℃。如果系统温度足够高，地下水流速较低，输入的热量足以将进水很快加热至沸腾蒸汽，那么即使在土壤饱和层，也可以达到这样的高温。

（2）低温原位加热修复技术　低温原位加热修复技术是利用蒸汽井加热，包括蒸汽注射钻头、热水浸泡或依靠电阻加热产生蒸汽加热（如六段加热），可以将土壤加热到 100℃。蒸汽注射加热可以利用固定装置井进行，也可以利用带有钻井装置的移动系统进行。

固定系统将低湿度蒸汽注射进入竖直井加热土壤，从而蒸发污染物，使非水质液体（若有的话）进入提取井，再利用潜水泵收集流体，利用真空泵收集气体，然后送至处理设施。移动系统用带有蒸汽注射喷嘴的钻头钻入地下进行土壤加热，低湿度的蒸汽与土壤混合后使污染物蒸发进入真空收集系统。

热水浸泡法是利用热水和蒸汽（含水量较高）注射以强化控制污染物的可移动性。热水和蒸汽降低了油类污染物的黏度，从而将非水溶性液态污染物带入提取井。热水浸泡系统需要很复杂的提取井系统，在不同的深度同时进行蒸汽、热水和凉水的注射，蒸汽注入污染层下部以加热非水溶性液态稠密污染物，升温后的非水溶性液态稠密污染物的密度稍低于水的密度，在热水的作用下向上运动，因此热水注入位置就在污染土壤层周围，借以提供一个封闭环境并引导非水溶性液态稠密污染物向提取井运动。凉水注射位置在污染层上部，以形成一个吸收层和冷却覆盖层，同时吸收层在竖直方向上提供屏障防止上升孔隙中的流体溢出并冷却来自污染层的气体。

（3）原位电磁波加热修复技术　该技术主要是利用发射器发射的无线电波中的电磁能量进行加热，过程中无须土壤的热传导，电磁能量通过埋在钻孔中的电极导入土壤介质。发射器的发射频率根据污染范围和土壤的介电性质确定，一般使用频率为 2～2 450 MHz 的电磁波绝缘加热。

高温原位加热技术处理的污染物主要有半挥发性的卤代有机物和非卤代有机

物、多氯联苯以及密度较高的非水质液态有机物。低温原位加热处理的污染物主要有半挥发性的卤代物和非卤代物以及高浓度非溶性液态物质,挥发性有机物也可以用此方法进行处理。此外,原位电磁波加热修复技术属于高温原位加热技术,它利用高频电压产生的电磁波能量对现场土壤进行加热,利用热量强化土壤蒸气浸提技术,使污染物在土壤颗粒内解吸以达到修复污染土壤的目的。

2.4.2　化学修复技术

有效的修复技术是污染土壤的治理关键,化学修复技术已经证明可在原位和异位修复污染土壤,并且低成本、环境代价小。

2.4.2.1　污染环境的化学修复概念及特点

污染环境的化学修复是利用加入污染环境中的化学修复剂与污染物发生一定的化学反应,使污染物被降解和毒性被除去或降低的修复技术。根据污染环境的特征和污染物的不同,化学修复可以将液体、气体或活性胶体注入污染土壤的不同层,并在地下水径流上设置可渗透反应墙,也可以将上述物质注入污染水体中。注入的化学物质可以是氧化剂、还原剂、沉淀剂、解吸剂或增溶剂。通常采用井注射技术、土壤深度混合和液压破裂等技术将化学物质渗透到土壤表层以下。利用化学清除剂的物理化学性质及污染物的吸附、吸收、迁移、淋溶、挥发、扩散和降解,改变污染物在环境中的残留累积,清除污染物或降低污染物的浓度至安全标准范围,且所施化学药剂不对环境系统造成二次污染。相对于其他污染环境修复技术,化学修复技术发展较早,也相对成熟。它既是一种传统的修复方法,同时由于新材料、新试剂的发展,它也是一种仍在不断发展的修复技术。但是,由于化学修复引入的化学助剂可能对生态系统有负面影响,人们对它们在生态系统中的最终行为和环境效应还不完全了解,因此大规模的实地应用还十分有限。

2.4.2.2　化学修复技术的类型

按照修复技术来分类,化学修复技术主要包括化学淋洗修复技术、化学固定技术、化学氧化修复技术、化学还原修复技术、可渗透反应墙和溶剂浸提技术等。按照修复地点来分类,化学修复技术可以分为原位化学修复(in-situ chemical remediation)技术和异位化学修复(ex-situ chemical remediation)技术。

原位化学修复是指在污染土地的现场加入化学修复剂,使之与土壤或地下水中的污染物发生各种化学反应,从而使污染物得以降解或通过化学转化机制去除污染物的毒性以及对污染物进行化学固定,使其活性或生物有效性下降的方法。通常,原位化学修复不需抽提含有污染物的土壤溶液或地下水到污水处理厂或其他特定的处理场所这样一个代价昂贵的再处理环节。

异位化学修复主要是使土壤或地下水中的污染物通过一系列化学过程,甚至通过富集途径转化为液体形式,然后把这些含有污染物的液状物质输送到污水处理厂或专门的处理场所加以处理,该方法通常依赖诸如化学反应器甚至化工厂来最终解决问题。有时,这些经过化学转化的含有污染物的液状物质被堆置到安全的地方进行封存。土壤性能改良的作用在于降低土壤环境中污染物的生物有效性和迁移性能,包括各种酸碱反应。其中,氧化-还原反应应用于污染土壤的修复,主要是通过氧化剂或还原剂的使用产生电子转移,从而使污染物的毒性或溶解度大大降低。通常,有效的氧化剂有氧气、臭氧、过氧化氢、氯气以及各种氯化物,主要的还原剂包括铝、钠和锌等金属,碱性聚乙烯醇和一些特定的含铁化合物。聚合作用也在污染土壤修复中得到了一些应用,尤其对那些具有潜在聚合作用的污染物来说,这一化学过程不仅容易进行,而且聚合作用的发生使其毒性或生物有效性大大降低。

1) 化学淋洗修复技术

化学淋洗修复(chemical leaching and flushing/washing remediation)技术是一种重要的应用于污染土壤环境修复的技术,借助能促进土壤环境中污染物溶解或迁移的化学或生物化学溶剂,在重力作用下或通过水力压头推动淋洗液注入被污染土层中,然后再把包含污染物的液体从土层中抽提出来,最后进行分离和污水处理。淋洗液通常具有淋洗、增溶、乳化或改变污染物化学性质的作用。到目前为止,化学淋洗技术主要围绕着用表面活性剂处理有机污染物,用螯合剂或酸处理重金属以修复被污染的土壤。与其他处理方法相比,淋洗法不仅可以去除土壤中大量的污染物,限制有害污染物的扩散范围,还具有投资及淋洗液消耗相对较少,操作人员可不直接接触污染物等优点。按照场地划分,化学淋洗修复分为原位化学淋洗修复和异位化学淋洗修复两种类型。

原位化学淋洗修复过程是向土壤中施加冲洗剂,使其向下渗透,穿过污染土壤并与污染物相互作用。在这个相互作用的过程中,冲洗剂或化学助剂将污染物从土壤中去除,并与污染物结合,通过淋洗液的解吸、螯合、溶解或络合等物理、化学作用,最终形成可迁移态化合物。含有污染物的溶液可以用梯度井或其他方式收集、储存,再进一步处理,以再次用于处理污染的土壤。

异位化学淋洗修复指把污染土壤挖出来,用水或溶于水的化学试剂清洗土壤并去除污染物,再处理含有污染物的废水或废液,然后将洁净的土壤回填或运到其他地点。通常情况下,进行异位化学淋洗修复时,首先根据土壤的物理状况,将其分成不同的部分(石块、砂粒、黏粒)。其次,根据二次利用的用途和最终处理需求,采用不同的方法将这些不同部分清洁到不同的程度。由于污染物不容易吸附于砂质土上,所以砂质土只需要初步淋洗;而污染物容易吸附于土壤质地较细的部分,所以壤土和黏土通常需要进一步修复处理。在固液分离过程及淋洗液的处理过程中,污染物或被降解破坏,或被分离。最后,将处理后的土壤置于恰当的位置。

2）化学固定技术

污染物在环境中的可移动性是决定其生物有效性的一个重要因素,而移动性取决于其在环境中的存在形态。例如,对于重金属污染的土壤,重金属的毒性与其在土壤中存在的各种形态有密切的相关性。化学固定（chemical immobilization）是在污染环境中加入化学试剂或化学材料,并利用它们调节污染环境条件,控制反应条件,改变污染物的形态、水溶性、迁移性和生物有效性,使污染物钝化,形成不溶性或移动性差、毒性小的物质,从而降低其在污染环境中的生物有效性,减少其向其他环境系统的迁移,或结合其他修复技术手段永久地消除污染物,实现污染环境的化学修复。化学固定技术能在原位进行固化,从而大大降低修复成本。原位化学固定技术是污染土壤治理过程中一种非常有效的方法,对于由农业活动引起的程度较轻的面源污染具有明显的优势。但是,化学固定方法不是一个永久的措施。在环境条件发生改变时,固定在环境中的污染物仍然可以释放出来,变成生物有效形态。另外,化学试剂或化学材料的使用将在一定程度上改变环境条件,会对环境系统产生一定影响。

实际应用过程中,最典型的固定剂可分为有机、无机和有机-无机复合 3 种类型。外源固定物质进入污染环境以后,与污染物发生离子交换、吸附、表面络合和沉淀等一系列反应。各种固定剂的效果除了取决于外源物质添加的量外,还在于外源物质的种类和添加的形式、污染物与固定剂本身的物理化学性质等。在实际修复过程中,由于低成本和高溶解性,常用 $Ca(H_2PO_4)_2$ 代替 $CaHPO_4$,将 $Ca(H_2PO_4)_2$ 与 $CaCO_3$ 混合能明显降低金属元素可提取态的浓度,有效地把它们固定下来。由于易于溶解和反应,CaO 是一种非常有效的固定剂,尤其是固定重金属元素镉（Cr）,它的加入会使土壤 pH 值快速升高。由于石灰具有较高的水溶性,在深层土壤及泥浆注射时,它能更有效地渗入土壤孔隙中,因此较其他固定剂具有更大的影响范围。

目前化学固定剂用于修复环境的主要机理包括以下几种。

（1）吸附作用　环境中的重金属元素能以水合离子、阴阳离子和无电荷联合体的形式被吸附。金属元素在有机质和氧化物表面有很高的亲和性,对于碱性和碱土金属元素有很强的置换能力。固体表面周围一些自由金属离子的分布能够形成双电子层,一层由吸附在固体表面的表面电荷形成,另一层由广泛分布在溶液中与固体相关的离子电荷形成。在溶液中,自然和人工形成的与沸石类似的硅酸盐与矿物栅格之间的渗透能为吸附金属元素打开表面吸附架构,可交换二价重金属离子,如 Cd、Ni、Cu、Pb 和 Zn 等,它们经过脱水后渗入蒙脱石表面的六边形孔状物中,并进一步渗入八面型晶体层,从而降低黏土矿物的表面电荷。在这些孔隙中发生离子交换,随着孔隙中高水合性离子(如 Na^+)被低水合性离子(如 Ca^{2+}、Mg^{2+})置换,或由于形成硅铝酸钙而产生粘连,使大量相关的孔隙稳定性提高。随着大孔隙的消失,它们进一步与粒子和聚合体粘连,维持絮状粒子的分布并阻止其膨胀,能维持和加强吸附质与吸附剂之间的稳定性,土壤中游离态的金属离子也被固定下来。渗透性能随着孔隙度大小及分布改变而发生变化,外源物质的量及压实程度使其有可能升高或降低。

（2）配合作用　根据表面配合模式,重金属离子在颗粒表面的吸附作用是一种表面配合反应,反应趋势随溶液 pH 值或羟基基团的浓度增加而增加,因此表面配合反应主要受酸碱度影响。例如,磷灰石的表面常有大量 $P(OH)_4^-$ 和 $Ca(OH)_3^-$ 键,从而对 Pb、Zn、Cd、Hg 等重金属离子同样有配合作用。

（3）共沉淀　固化剂可以通过自身溶解作用产生阴离子与污染元素产生共沉淀作用而起到修复环境的作用。自然界的磷灰石是一种分布广泛的固化剂,其成分的复杂性影响其化学反应类型及矿物自身的稳定性,利用溶解的磷灰石可去除溶液或矿山土壤中的 Pb(去除率达 100%)、Cd(去除率为 37%～99%)、Zn(去除率为 27%～99%)。

总之,对于环境中重金属离子的俘获和固定,可以从以下 3 个普遍性的原理进行描述：其一,在高 pH 值条件下产生固定,形成难溶性的复合物,使金属离子难以向地下水淋溶;其二,在固定过程中金属离子被整合到黏性复合体的晶体结构中,很难被溶解和渗滤;其三,金属离子被截留在黏性复合体低渗透性的基质中[6]。

3）化学氧化修复技术

化学氧化修复(chemical oxidation remediation)是向土壤中喷射或注入化学氧化剂,利用其氧化性分解破坏污染环境中污染物的结构,使污染物降解或转化为低毒、低移动性物质的一种修复技术。对于污染土壤来说,化学氧化技术不需要将污染土壤全部挖掘出来,而只是在污染区的不同深度钻井,将氧化剂注入土壤中,通过氧化剂与污染物的混合、反应使污染物降解或发生形态变化,达到修复污染环境的目的。化学氧化修复技术能够有效地处理土壤中的铁、锰和硫化氢,还有三氯乙烯(TCE)、四氯乙烯(PCE)等含氯溶剂,以及苯、甲苯、乙苯和二甲苯等生物修复法难以处理的污染物。除了单独使用外,化学氧化修复技术还可与其他修复技术(如生物修复)联合使用,作为生物修复或自然生物降解之前的一个经济而有效的预处理方法。常见的氧化剂有臭氧、过氧化氢、高锰酸钾以及二氧化氯。

4）化学还原修复技术

化学还原修复(in-situ chemical reduction remediation)技术主要是利用化学还原剂将污染环境中的污染物还原从而去除的方法,多用于地下水的污染治理。通常,对地下水具有污染效应的化学物质经常在土壤下层较深、较大范围内呈斑块状扩散,这往往使常规的修复技术难以奏效。一个较好的方法是构建化学活性反应区或反应墙,当污染物通过这个特殊区域的时候被降解,或转化成固定态,从而使污染物在土壤环境中的迁移性和生物可利用性降低。

根据采用的不同还原剂,化学还原修复法可以分为活泼金属还原法和催化还原法。前者以铁、铝、锌等金属单质为还原剂;后者以氢气以及甲酸、甲醇等为还原剂,一般都必须有催化剂存在才能使反应进行。常用的还原剂还有 SO_2、H_2S 气体和零价 Fe 胶体等。

2.4.3　生物修复技术

污染环境的修复技术主要包括物理方法、化学方法和生物方法三大类。物理、化学方法的局限性使得生物方法受到青睐,虽然生物方法同样具有局限性,但由于生物在污染物的吸收、转运、降解、转化、固定等过程中发挥着强大的作用,且生物修复具有投资少、运行费用低、最终产物少等优点,使得生物修复具有十分巨大的潜力,是环境污染治理与修复的最理想方法。

2.4.3.1　污染环境的生物修复概念及特点

生物修复(bioremediation)目前比较被大家共同接受的基本定义为:生物修复是利用生物,特别是微生物催化降解有机污染物,从而修复被污染环境或消除环境中的污染物的一个受控或自发进行的过程,这是狭义的定义。也可以表述为:生物修复是利用土著的、引入的微生物及其代谢过程或其产物进行的消除或富集有毒物的生物学过程。生物修复的目的是去除环境中的污染物,使其浓度降至环境标准规定的安全浓度之下。

生物修复还有更广泛的定义,除了微生物修复外,还包括植物修复和动物修复。也就是说,生物修复是指利用细菌、真菌、水生藻类、陆生植物等的代谢活性降解有机污染物,减轻其毒性,改变重金属的活性或在土壤中的结合态,通过改变污染物的化学或物理特性而影响它们在环境中的迁移、转化和降解速率。

与生物修复概念相似的表达有生物恢复(biorestoration)、生物清除(bioelimination)、生物再生(bioreclamation)、生物补救(bioreparation)、生物整治(biorenovation)。与生物修复概念不同的表达是生物净化(biopurification)。生物净化强调的是自然环境系统利用本身固有的生物体进行的环境无害化过程,是一个自发的过程,而生物修复更强调人们有意识地利用生物体进行环境无害化。

生物修复主要采用诸如提高通气效率、补充营养(对石油污染而言,主要是补充 N、P)、投加优良菌种、改善环境条件等办法来提高微生物的代谢作用和降解活性水平,以促进其对污染物的降解速度,从而达到治理污染环境的目的。生物修复技术最成功的例子是 J. E. Llidstrom 等人在 1990 年夏到 1991 年通过投加营养和高效降解菌对阿拉斯加 Exxon Yaldez 王子海湾油船泄漏造成的污染进行处理,取得了非常明显的效果,使得近百公里海岸的环境质量得到明显改善[7]。

环境生物修复技术主要由三方面的内容组成:① 利用土著微生物代谢能力的技术;② 活化土著微生物分解能力的方法;③ 添加具有高速分解难降解化合物能力的特定微生物(群)的方法。

微生物修复技术是在人为强化的条件下,用自然环境中的土著微生物或人为投加的外源微生物的代谢活动对环境中的污染物进行转化、降解与去除的方法。微生物有容易发生变异的特点,随着新污染物的产生和数量的增多,微生物的种类可随之相应增多,显现出多样性。这使其又有别于其他生物,在环境污染治理中,微生物的作用更是独树一帜。

2.4.3.2　生物修复技术的类型

生物修复是一门新兴的学科,很多内容还处于发展之中,因此其分类体系还不够健全。一般的生物修复技术可根据修复主体、修复受体和修复场所等进行分类。

1) 按修复主体分类

修复主体是参与生物修复的生物类群,显然这些生物类群包括微生物、植物、动物以及由它们构成的生态系统。因此,生物修复可以分为微生物修复、植物修复、动物修复和生态修复四大类,其中微生物修复就是人们通常所称的狭义上的生物修复。

(1)微生物修复　微生物修复是指利用微生物的催化降解作用清除环境中的污染物的过程。大多数环境中都存在着天然微生物降解有害污染物的过程,只是由于环境条件的限制,微生物自然净化速度很慢,因此需要采用提供氧气,添加氮、磷营养盐,接种经驯化培养的高效微生物等方法来强化这一过程。

(2)植物修复　植物修复是以植物忍耐和超量积累某种或某些化学元素的理论为基础,利用植物及其共存微生物体系清除环境中的污染物的过程。它包括利用植物修复重金属、有机物污染的土壤;净化水体;清除放射性核素。植物修复过程较慢,目前研究的关键是筛选出超积累植物和改善植物吸收性能的方法,利用基因工程技术构建出可高效去除污染物的植物[8-9]。

(3)动物修复　动物修复在国外有较长的研究史,国内的研究还处于摸索阶段。它包括用生长在污染土壤上的植物体、果实等饲喂动物,通过研究动物的生化变异来研究土壤污染状况;或者直接将土壤动物,如蚯蚓、线虫饲养在污染土壤中进行有关研究。土壤中的一些大型土壤动物如蚯蚓,能吸收或富集土壤中的残留农药,并通过其代谢作用,把部分农药分解为低毒或无毒产物。同时,土壤中还生存着丰富的小型动物群,如线虫、跳虫、螨、蜈蚣、蜘蛛、土蜂等,它们均对土壤中的农药有一定的吸收和富集作用,可以从土壤中带走部分农药。

（4）生态修复　生态修复是指利用培育的生物或培养、接种的微生物的生命活动，对环境中污染物进行转移、转化及降解，从而使污染环境得到恢复。本质上说，这种技术是对自然界恢复能力和自净能力的一种强化。生态修复技术是当前环境修复技术的研究开发热点。目前所开发的生态修复技术实质上是按照仿生学的理论对于自然界恢复能力与自净能力的强化。可以说，按照自然界自身规律去恢复自然界的本来面貌，通过强化自然界自身的自净能力去治理污染环境，是人与自然和谐相处的合乎逻辑的治污思路，也是一条创新的技术路线。

2）按修复受体分类

修复受体是生物修复的对象，即人们通常所说的环境要素。众所周知，环境要素一般包括土壤、水体、大气等。考虑到固体废弃物涉及的环境要素是土壤、水体、大气的自然综合体，有时也将固体废弃物纳为第四环境要素。有些环境要素还可分为若干次级要素，因此，根据修复对象可将生物修复分为土壤生物修复、河流水生物修复、湖泊水库生物修复、海洋生物修复、地下水生物修复、大气生物修复、矿区生物修复、垃圾场生物修复等。

3）按修复场所分类

根据生物修复中人工干预的程度，生物修复可以分为自然生物修复和人工生物修复。后者根据修复实施的场所（或形式）又可分为原位生物修复、异位生物修复以及联合生物修复。

（1）原位生物修复　原位生物修复也称就地生物修复（in-situ bioremediation），是指在基本不破坏土壤和地下水自然环境的条件下，对受污染的环境对象不做搬运或输送，而在原场直接采用生物修复技术进行的生物修复。一般采用土著微生物，有时也加入经过驯化的微生物，常常需要用各种措施进行强化。原位生物修复又分为原位工程生物修复和原位自然生物修复。

原位工程生物修复指采取工程措施，有目的地操作环境系统中的生物过程，加快环境修复。在原位工程生物修复技术中，一种途径是提供微生物生长所需要的营养，改善微生物生长的环境条件，从而大幅度提高土著微生物的数量和活性，提高其降解污染物的能力，这种途径称为生物强化修复；另一种途径是投加实验室培养的对污染物具有特殊亲和性的微生物，使其能够降解土壤和地下水中的污染物，这种途径称为生物接种修复。

原位自然生物修复是利用环境中原有的微生物，在自然条件下对污染区域进行自然修复。但是，自然生物修复也并不是不采取任何行动措施，同样需要制定详细的计划方案，鉴定现场活性微生物，监测污染物降解速率和污染带迁移等。

（2）异位生物修复　异位生物修复有时也称为易位生物修复（ex-situ bioremediation），是指将受污染的环境对象搬运或输送到其他场所（如实验室等），再借助生物反应器进行集中修复处理。常用的异位修复技术有反应器处理、制床处理、堆肥式处理和厌氧处理。

（3）原位-异位联合生物修复（combined bioremediation）　很明显，原位生物修复具有成本低廉但修复效果差的特点，适合大面积、低污染负荷的环境对象；异位生物修复具有修复效果好但成本高昂的特点，适合小范围、高污染负荷的环境对象。将原位生物修复与异位修复相结合，便产生了联合生物修复，它能扬长避短，是当今环境修复中前途较广的修复措施。目前研究较为充分的联合修复方法有水洗-生物反应器法以及土壤通气-堆肥法[10-11]。

参 考 文 献

［1］孙铁珩,李培军,周启星.土壤污染形成机理与修复技术［M］.北京：科学出版社,2005：30－50.

［2］王霞,沈红军.土壤环境质量研究现状与趋势［J］.资源节约与环保,2018(3)：50－53.

［3］骆永明.中国土壤污染与修复研究二十年［M］.北京：科学出版社,2017：20－80.

［4］宋秀杰.农村面源污染控制及环境保护［M］.北京：化学工业出版社,2011：12－23.

［5］钱暑强,刘铮.污染土壤修复技术介绍［J］.化工进展,2000,19(4)：10－12,20.

［6］郭超,刘怀英,李军.石油污染土壤的物理化学修复技术浅谈［J］.能源与环境,2011(3)：71－72.

［7］苏锡南.环境微生物学［M］.北京：中国环境科学出版社,2006：30－53.

［8］俞慎,何振立,黄昌勇.重金属胁迫下土壤微生物和微生物过程研究进展［J］.应用生态学报,2003,14(4)：618－622.

［9］夏星辉,陈静生.土壤重金属污染治理方法研究进展［J］.环境科学,1997(3)：74－78,96－97.

［10］李素英.环境生物修复技术与案例［M］.北京：中国电力出版社,2015：50－72.

［11］叶明.微生物学［M］.北京：化学工业出版社,2010：35－65.

第 3 章 土壤场地调查与风险评估

土壤场地调查和风险评估是进行土壤修复的第一步,获得基础的数据可以消除不确定性,为后续作业的操作提高精准性,降低复杂性。做土壤污染调查主要是根据场地情况,如土地类型、历史生产情况、水文地质情况、场地现状、场地周边现状等资料,根据相关的法律法规和技术导则来进行。土壤场地调查分为建设用地土壤环境调查和农用地土壤环境调查,不同土壤环境调查所遵循的布点原则和采样深度等不同。

第一阶段场地环境调查是以资料调查、现场探勘和人员访谈为主的污染识别阶段。若第一阶段调查确认场地内及周围区域当前和历史上均无化工厂、加油站、化学品储罐等可能的污染源,则认为场地的环境状况可以接受,调查活动可以结束。若第一阶段场地环境调查表明场地内或周围区域存在可能的污染源及由于资料缺失等因素导致无法排除场地有无污染源时,则需要第二阶段的场地环境调查,确认污染物种类、浓度和分布。第二阶段场地环境调查是以采样与分析为主的污染证实阶段。若第二阶段场地调查显示场地的环境状况可以接受,则场地环境调查活动可以结束。

在场地调查的基础上,还需要分析污染场地土壤对人群的主要暴露途径,定量估算致癌污染物对人体健康产生危害的水平与程度,主要包括危害识别、暴露评估、毒性评估和风险表征。

3.1 污染场地概述

根据《污染场地术语》(HJ 682—2014),场地(site)是指某一地块范围内的土壤、地下水、地表水以及地块内所有构筑物、设施和生物的总和。

污染场地(contaminated site)又称"棕地"(brown field),该词于 20 世纪 90 年代初期开始出现在美国联邦政府的官方用语中。迄今为止,"棕地"仍没有一个统一的概念。美国 EPA 将污染场地定义为"废弃的、闲置的或没有得到充分利用的土地,在这类土地的再开发和利用过程中,往往因存在着客观上的或潜在的环境污染而比其他开发过程更为复杂"。

中国对于污染场地的定义随着对其研究的深入和与国际接轨,近年来也发生了一些变化。一些学者将污染场地定义为"因堆积、储存、处理、处置或其他方式(如迁移)承载了有害物质的,对人体健康和环境产生危害或具有潜在风险的空间区域";还有一些学者将污染场地的概念规定为"污染物的含量超过了土壤污染控制标准,会对作物和人体造成明显的不利影响,要加以治理才可重新利用的土地";中国在 2014 年颁布的《污染场地术语》(HJ 682—2014)中则将其定义为"对潜在污染场地进行调查和风险评估后,确认污染危害超过人体健康或生态环境可接受风险水平的场地,又称污染地块"。污染场地是工业化和城市化的产物,概念的界定对污染场地识别及其分类管理有重要意义。

在不同的污染场地定义中,对污染场地的界定均包含 4 个方面的特征:① 特定空间区域,为地表水、土壤、地下水、空气组成的立体空间区域;② 这一特定空间区域已经被污染,一般由人类过去或现在的活动引起,如矿山开采、化工冶炼、垃圾填埋等;③ 对周边人群健康或环境安全造成实际危害或带来潜在的威胁,如地下水污染对饮用水源造成不利影响;④ 动态性特征,污染场地的危害会随污染物的自然降解、人工清除等减轻,也会随污染物的排放增加而加重。场地污染状况是动态变化的,当达到可自净或规定的污染物浓度范围,这块区域就不再是污染场地。

按照主要污染物的类型来划分,中国污染场地大致可分为以下几类。

(1)重金属污染场地 主要来自钢铁冶炼企业、尾矿,以及化工行业固体废弃物的堆存场,代表性的污染物包括铅、镉、铬等。

(2)持久性有机污染物(POPs)污染场地 中国农药类 POPs 场地较多,中国曾经生产和广泛使用过的杀虫剂类 POPs 主要有滴滴涕、六氯苯、氯丹及灭蚁灵等,有些农药尽管已经禁用多年,但在土壤中仍有残留。此外,还有其他持久性有机污染物污染场地,如含多氯联苯的电力设备的封存和拆解场地等。

(3)以有机污染为主的石油、化工、焦化等污染场地 污染物以有机溶剂类如苯系物、卤代烃为代表,也常含有其他污染物,如重金属等。

(4)电子废弃物污染场地等 粗放式的电子废弃物处置会对人体健康构成威胁。这类场地污染物以重金属和持久性有机污染物(主要是溴代阻燃剂和二噁英类剧毒物质)为主要污染特征。

总体来说,污染场地不仅包含了场地的介质条件,更强调了其对人体健康和生态环境产生的危害,其中将潜在风险区域纳入污染场地的范畴有利于对污染场地的控制与治理。从用地性质来说,污染场地以工业用地居多,包括废弃的以及还在利用中的旧工业区,规模大小不等;此外还有农业用地、市政用地等存在一定程度的污染或潜在环境问题的地块。污染场地的存在带来了双重问题：一方面是环境与健康风险；另一方面是阻碍城市建设与经济发展[1]。

3.2　污染场地调查

污染场地调查通常包括资料收集、初步调查、监测井设置、采样分析、污染源分析和污染范围界定等几项。一旦污染被发现,应先收集工厂操作历史、航照图、地质数据及相关报告,以判断可能的污染物种类及污染范围。有了初步概念后,应设计一套采样分析规划以收集包括污染物、地质及地下水文的数据,通常先以地球物理方法,例如磁力、电磁波、地电阻及透地雷达等方法初步判定天然水文地质状况、污染物位置和地下掩埋物(如铁桶、地下孔洞)等。该类方法具有快速、低干扰、连续监测、经济等优点,但仍需利用实测数据进行比较。在土壤采样的部分,常见的重金属有铅、镉、铬、铜、锌、镍、汞等,它们在地下环境中不易移动,且配合农作物和植物的吸收深度,常以表面 15 cm(表土)及 30 cm(里土)左右作为采样深度。常见有机物为苯、甲苯、乙苯、二甲苯等芳香族化合物,以及四氯乙烯(PCE)、三氯乙烯(TCE)、二氯乙烯等含氯碳氢化合物,此外还有多氯联苯等。此类化合物在地下环境中比重金属容易移动,污染深度视环境及污染物特性有极大差别。地下水的采样则需借助监测井的设置,监测井设置有一定的规范,依其设置目的而有不同考虑,通常必须考虑水井井筛位于所需的代表性深度,井的材料不能与污染物发生反应,以及水文特性等因素,以采得具有代表性的样品。监测井设置后即可进行地下水采样以及地下水水位测量,配合邻近三口井的水位可推估地下水的流向,若有含水层特性参数则可推估地下水的流速。地下水采样分析结果可用于判定地下水是否受到特定化学物质的污染,并可借助数据判断可能的污染源,并界定其污染范围[2]。

3.2.1　场地现状调查的一般原则

污染场地调查是后期修复的前提和基础,因此,做好污染场地调查工作具有积极的现实意义。场地现状调查的一般原则如下。

(1) 根据建设项目所在地区的环境特点,结合各单项环境影响评价的工作等级确定各环境要素的现状调查范围,并筛选出应调查的有关参数。

(2) 调查环境现状时,首先应搜集现有的资料,当这些资料不能满足要求时,再进行现场调查和测试。

(3) 在环境现状调查中,对环境中与评价项目有密切关系的部分(如大气、地面水、地下水等)应做到全面、详细,对这些部分的环境质量现状应有定量的数据并做出分析和评价;对一般自然环境与社会环境的调查,应根据评价地区的实际情况决定调查内容。

3.2.2　场地现状调查的方法

场地现状调查的方法主要有收集资料法、现场调查法和遥感调查法。

1）收集资料法

收集资料法应用范围广、收效大，比较节省人力、物力和时间。进行场地现状调查时，应首先通过此方法获得现有的各种有关资料，但此方法只能获得第二手资料，而且往往不全面，不能完全符合要求，因此需要补充使用其他方法。

2）现场调查法

现场调查法可以针对使用者的需要，直接获得第一手的数据和资料，以弥补收集资料法的不足。这种方法工作量大，需占用较多的人力、物力和时间，有时还可能受季节、仪器设备条件的限制。

3）遥感调查法

遥感调查法可从整体上了解一个区域的环境特点，可以弄清人类无法到达地区的地表环境情况，如一些大面积的森林、草原、荒漠、海洋等。此方法不是十分准确，不宜用于微观环境状况的调查，一般只用于辅助性调查。在环境现状调查中使用此方法时，绝大多数情况使用航拍的办法，只判读和分析已有的航空或卫星图像[3]。

3.2.3　场地现状调查的因素

场地环境调查技术人员应通过信息检索、部门走访、电话咨询等途径，广泛收集场地及周边区域的自然环境状况、环境污染历史、地质、水文地质等信息。被调查单位应积极配合，力所能及地为调查人员提供所需的资料信息。通过对工艺、原材料及储存和生产设施等相关资料的审核，调查人员应根据专业知识和经验判断资料的有效性，并分析场地可能涉及的危险物质，以及这些危险物质的使用、存储区域。

现场调查报告必须包括摘要、简要总结调查结果、结论和建议。场地现状调查需要包括以下几个要素。

（1）应关注的污染物种类　根据生产工艺、原辅材料、产品种类、"三废"等情况，以及残留的原生污染物受物理、化学过程影响产生的次生污染物，分析场地可能存在的污染物种类。

（2）场地潜在污染区域　根据场地生产装置、各种管线、危险化学品及石油产品储存设施、污染物排放方式、现场污染痕迹、污染物的迁移特性等，分析场地潜在污染区域。

（3）水文地质条件分析　结合污染物特征，分析场地地层分布情况、地下水分布特征等影响污染物在环境介质中迁移转化的水文地质条件。

（4）污染物特征及其在环境介质中的迁移分析　原辅材料和产品在运输过程中由于泄漏、挥发和事故进入周边环境；生产过程中产生的废气和烟（粉）尘通过大气扩散至生产设施周边甚至厂房以外；废水因排放沟渠破裂进入土壤和地下水；废物堆存点污染物经雨水淋洗并随地表径流扩散进入附近河流；废物堆存点污染物或污染土壤经降雨淋滤进入地下水，并随地下径流在地下水流方向迁移。

（5）受体分析　根据污染场地未来用地规划，分析确定未来受污染场地影响的人群。

（6）暴露途径分析　根据未来人群的活动规律和污染物在环境介质中的迁移规律，分析和确定未来人群接触污染物的暴露点，分析和建立暴露途径。

（7）危害识别　在前述分析的基础上，初步进行场地污染物危害识别。若第一阶段场地环境调查认为场地未受到污染，则场地环境调查结束，并编制调查报告。

3.2.4　场地调查的具体步骤

污染场地调查工作大体上分为两部分：初步调查和详细调查。

3.2.4.1　现场采样

第二阶段调查以采样分析为主，确定场地的污染物种类、污染分布及污染程度。

1）目的和工作内容

主要工作内容为初步采样、场地风险筛选、详细采样和第二阶段报告编制。初步采样又称为确认采样，主要是通过与场地筛选值比较，分析和确认场地是否存在潜在风险及关注污染物；详细采样目的是确定污染物具体分布及污染程度。

2）初步采样

初步采样的开展包括以下内容。

（1）制定采样计划　开展现场采样前，应先制定现场采样计划。采样计划内容包括核查已有信息、判断潜在污染情况、制定采样方案（包括采样目的、采样布点、采样方法、样品保存与流转、样品分析等）、确定质量标准与质量控制程序、制定场地调查安全与健康计划等。

（2）初步采样分析项目　采样分析项目应包括第一阶段调查识别的污染物；对于不能确定的项目，可选取少量潜在典型污染样品进行筛选分析。一般工业场地可选择的检测项目有重金属、挥发性有机物（VOCs）、半挥发性有机物（SVOCs）、氰化物、石棉和其他有毒有害物质。如遇土壤和地下水明显异常而常规检测项目无法识别时，可采用生物毒性测试方法进行筛选判断；如遇明显异臭或刺激性气味，而项目无法检测时，应考虑通过恶臭指标等进行筛选判断。场地环境调查涉及地表水和残余废弃物监测，按照《场地环境监测技术导则》（HJ 25.2—2014）执行。

（3）初步采样布点要求：

① 采样位置　初步采样时，一般不进行大面积和高密度的采样，只是对疑似污染的地块进行少量布点与采样分析。采用判断布点方法，在场地污染识别的基础上选择潜在污染区域进行布点，重点是场地内的储罐储槽、污水管线、污染处理设施区域、危险物质储存库、物料储存及装卸区域、历史上可能的废渣地下填埋区、"跑冒滴漏"严重的生产装置区、物料输送管道区域、发生过的污染事故所涉及的区域、受大气无组织排放影响严重的区域、受污染的地下水区域、道路两侧区域、相邻企业等区域。

对于污染源较为分散的场地和地貌严重破坏的场地，以及无法确定场地历史生产活动和各类污染装置位置时，可采用系统布点法（也称网格布点法）。布点数量可参考《场地环境评价导则》（DB11/T 656—2009）中的相关推荐数目。无法在疑似污染地块，特别是罐槽、污染设施等底部采样时，则应尽可能接近疑似污染地块且在污染物迁移的下游方向布置采样点。采样点和可能污染点相差距离较大时，应在设施拆除后，在设施底部补充采样。

② 采样数量　监测点位的数量与采样深度应根据场地面积、污染类型及不同使用功能区域等确定。采样点数目应足以判别可疑点是否被污染，在每个疑似污染地块内或设施底部布置不少于三个土壤或地下水采样点。地下水采样可不只局限在厂界内，应在场地内地下水上游、下游及污染区域内至少各设置一个监测井，地下水监测井设点与土壤采样点可并点考虑。在其他非疑似污染地块内，可采用随机布点方法，少量布设采样点，以防止污染识别过程中的遗漏。

③ 采样深度　采样深度应综合考虑场地地层结构、污染物迁移途径和迁移规律、地面扰动深度等因素。若对场地信息了解不足，难以合理判断采样深度时，可依据《场地环境调查技术导则》（HJ 25.1—2014）的要求设置采样点；在实际调查过程中可结合现场实际情况确定。

（4）现场采样：

① 采样准备　根据采样计划，制定采样计划表，准备各种记录表单、必需的监控器材、足够的取样器材并进行消毒或预先清洗。

② 现场定位　根据采样计划，对采样点进行现场定位测量（高程、坐标）。可采用地球物理学的方法和仪器测量法，可选择的仪器主要有经纬仪、水准仪、全站仪和高精度的全球定位仪。定位测量完成后，可用钉桩、旗帜等器材标志采样点。

③ 计划调整　场地采样过程可能受地下管网（如煤气管、电缆）、建筑物等影响而无法按采样计划实施，场地评价人员应分析其对采样的影响，可根据现场的实际情况适当调整采样计划，或提出在场地障碍物清除后，是否需要开展场地的补充评价。当现场条件受限无法实施采样时，采样点位置可根据现场情况进行适当调整；现场状况与预期差异较大时，如现场水文地质条件与布点时的预期相差较大

时,应根据现场水文地质勘测结果,调整布点或开展必要的补充采样。

④ 样品采集　根据采样计划,现场采集土壤及地下水样品,同时采集现场质量控制样。在采样时,应做好现场记录。

⑤ 样品运输与保存　针对不同检测项目,应选择不同的样品保存方式。目标污染物为无机物时,样品通常用塑料瓶(袋)收集;目标污染物为挥发性和半挥发性有机物时,样品宜使用具有聚四氟乙烯密封垫的直口螺口瓶收集。具体的土壤样品收集器和样品的保存见《地块土壤环境调查和风险评估技术导则(征求意见稿)》。

运输样品时,应填写实验室准备的采样送检单,并尽快将样品与采样送检单一同送往分析检测实验室。应保证采样送检单填写正确无误并保存完整。

3.2.4.2　样品分析

样品分析包括现场样品分析和实验室样品分析两部分。

1) 现场样品分析

在现场可采用便携式分析仪器设备进行样品的定性和半定量分析。水样的温度须在现场进行分析测试,溶解氧、pH、电导率、色度、浊度等监测项目亦可在现场进行分析测试,并应保持监测时间的一致性。岩心样品采集后,用取样铲从每段岩心中采集少量土样置于自封塑料袋内并密封,一般应在有明显污染痕迹或地层发生明显变化的位置采样。之后适当对土样进行揉捏以确保土样松散,使其稳定 5～10 分钟后将相应仪器或设备[如光离子化检测器(PID)等]的探头伸入自封袋内,并读取仪器的读数。

2) 实验室样品分析

(1) 土壤样品分析　土壤的常规理化特征,如土壤 pH 值、粒径分布、容重、孔隙度、有机质含量、渗透系数、阳离子交换量等的分析测试应按照《岩土工程勘察规范》(GB 50021—2001)执行。土壤样品关注污染物的分析测试应按照《土壤环境质量标准》(GB 15618—1995)和《土壤环境监测技术规范》(HJ/T 166—2004)中的指定方法执行。污染土壤的危险废物特征鉴别分析应按照《危险废物鉴别标准　通则》(GB 5085.7—2019)和《危险废物鉴别技术规范》(HJ 298—2019)中的指定方法执行。

(2) 其他样品分析　地下水样品、地表水样品、环境空气样品、残余废弃物样品的分析应分别按照《地下水环境监测技术规范》(HJ/T 164—2004)、《地表水和污水监测技术规范》(HJ/T 91—2002)、《环境空气质量手工监测技术规范》(HJ 194—2017)、《恶臭污染物排放标准》(GB 14554—93)、《危险废物鉴别标准　通则》(GB 5085.7—2019)和《危险废物鉴别技术规范》(HJ 298—2019)中的指定方法执行。

3) 其他要求

样品分析方法首选国家标准和规范中规定的分析方法。对于在国内没有标准分析方法的项目,可以参照国外的方法。

4)实验室质量控制

设置实验室质量控制样,主要包括空白样品加标样、样品加标样和平行重复样。要求每间隔20个样品设置一组质量控制样品。如果样品批量不足20,也应视为一批,实施完整的检测过程质量控制。质量控制样品,包括土壤和地下水,应不少于总检测样品的10%。

5)检测结果分析

对实验室检测结果和数据质量进行分析,以查看分析数据是否满足相应的实验室质量保证要求;通过采样过程中了解的地下水埋深和流向、土壤特性和土壤厚度等情况,分析数据的代表性;分析数据的有效性和充分性,确定是否需要进行补充采样;根据场地内土壤和地下水样品检测结果,分析场地污染物种类、浓度水平和空间分布。

3.2.4.3 场地风险筛选

通过将污染初步采样结果与国家和地方等相关标准以及清洁对照点浓度比较,排查场地是否存在风险。相关标准可采用国家相关土壤和地下水标准、国家以及地区制定的场地污染筛选值。如果国内没有筛选值,可参照国际上常用的筛选值,或者应用场地参数计算适用于该场地的特征筛选值。若污染物筛选值低于当地背景值,采用背景值作为筛选值。

一般在确定了开发场地土地利用功能的情况下,若污染物检测值低于相关标准或场地污染筛选值,并且经过不确定性分析,查明场地未受污染或健康风险较低,可结束场地调查工作并编制第二阶段场地调查报告;若检测值超过相关标准或场地污染筛选值,则认为场地存在潜在人体健康风险,应开展详细采样,并进行第三阶段风险评估。

3.2.4.4 详细采样

1)土壤采样点位布设

污染场地土壤采样常用的点位布设方法包括判断布点法、随机布点法、分区布点法及系统布点法等。

不同布点法适用于不同条件。判断布点法适用于潜在污染明确的场地;随机布点法适用于污染分布均匀的场地;分区布点法适用于污染分布不均匀,并获得污染分布情况的场地;系统布点法适用于各类场地情况,特别是污染分布不明确或污染分布范围大的情况,由此可以获得污染分布,但其精度受到网格间距的影响。

随机布点法是将监测区域分成面积相等的若干地块,从中随机(随机数的获得可以利用掷骰子、抽签、查随机数表的方法)抽取一定数量的地块,在每个地块内布设一个监测点位。抽取的样本数要根据场地面积、监测目的及场地使用状况确定。

分区布点法适用于场地内土地使用功能不同及污染特征有明显差异的场地。具体方法是将场地划分成不同的小区,根据小区的面积或污染特征确定布点的方法。场地内土地使用功能的划分一般为生产区、办公区、生活区。

系统布点法适用于场地土壤污染特征不明确或场地原始状况严重破坏的情形。具体方法是将监测区域分成面积相等的若干地块(网格),每个地块内布设一个监测点位。网格点位数应视所评价场地的面积及潜在污染源数目、污染物迁移情况等确定,原则上网格大小不应超过 1 600 m²,也可参考《场地环境评价导则》(DB11/T 656—2009)中的相关推荐数目。土壤采样布点中需要注意以下情形。

当场地污染为局部污染,且热点地区(第一阶段及第二阶段初步采样所确认的污染地块)分布明确时,应采用判断布点法在污染热点地区及周边进行密集取样,布点范围应略大于判断的污染范围。当确定的热点区域范围较大时,也可采用更小的网格单元,在热点区域内及周边采用网格加密的方法布点。在非热点地区,应随机布置少量采样点,以尽量减少判断失误。随机布点数目不应低于总布点数的 5%。

如需采集土壤混合样,可根据每个监测地块的污染程度和地块面积,将其分成 1~9 个面积均等的网格,在每个网格中心进行采样,将同层的土样制成混合样(挥发性有机物污染的场地除外)。深层采样点的布置应根据初步采样所揭示的污染物垂直分布规律来确定,符合污染初步采样阶段的相关要求及《场地环境监测技术导则》(HJ 25.2—2014)的相关要求。

当详细采样不能满足风险评估要求,或有划定场地污染修复范围的要求时,应该采用判断布点法进行一次或多次补充采样,直至有足够数据划定污染修复范围为止。必要时,可开展土壤气、场地人群和动植物调查等,以进行更深层次的风险评估。

2) 地下水监测点位布设

地下水监测点点位按《场地环境监测技术导则》(HJ 25.2—2014)布设。当场地地质条件比较复杂时,应设置组井(丛式监测井)。

3) 采样的技术要求

详细采样阶段的现场采样、样品分析、检测结果分析与初步采样中的技术要求相同。

4) 物理样的采集与土工试验

物理样的采集与土工试验是在详细采样阶段为风险评估提供数据支撑,以模拟污染物在环境介质中的迁移过程。主要包括土壤粒径分布、土壤容重、含水量、天然密度、饱和度、孔隙比、孔隙率、塑限、塑性指数、液性指数、实验室垂直渗透系数和水平渗透系数以及粒径分布曲线等物理参数的测试获取。具体参数根据风险评估需要确定。

5）其他调查方法

除了进行土壤和地下水采样之外,目前在场地污染调查实践中常采用便携式仪器、地球物理勘探技术等进行调查。

（1）便携式仪器调查　常用的便携式仪器包括检测挥发性气体的光离子化检测器（PID）、检测重金属的 X 射线荧光（XRF）分析仪等。实际操作时,可根据便携仪器的测量值确定具体的采样位置。一般可用洛阳铲、手动螺旋钻等在采样点处凿孔,并使用便携仪器测定污染物组分的浓度。在初步采样和详细采样认定的污染较重的区域,可采用便携仪器进行加密检测。

（2）地球物理勘探技术　污染场地调查中涉及的地球物理学方法包括地质雷达法、高密度电阻率法、综合测井技术等。在实际工作中,往往需要多种地球物理勘探方法开展场地调查。

3.2.4.5　第二阶段报告编制

第二阶段场地调查报告应至少包括以下内容。

（1）场地污染情况,包括场地基本信息、主要污染物种类和来源及可能污染的重点区域。

（2）现场采样与实验室分析,包括采样计划、采样与分析方法、检测数据、质量控制、检测结果分析。

（3）场地污染风险筛选及场地环境污染评价的结论和建议。

当第二阶段风险筛选结果表明场地确实已经受到污染或存在潜在的人体健康风险时,应启动第三阶段工作,即风险评估。

3.2.5　污染源调查与评价

污染源调查与评价是环境保护技术的重要组成部分,是认识和研究环境必不可少的基础工作。它从宏观的角度研究多种污染因素的综合作用,确定影响环境的主要污染源和主要污染物,从而为控制环境污染和治理重点污染源提供科学依据。

1）普查与详查

污染源调查一般采用普查与详查相结合的方法。对于排放量大、影响范围广、危害严重的重点污染源,应进行详查。详查时污染源调查人员要深入现场进行实地调查,核实被调查对象上报的数据是否真实、准确,同时进行必要的监测。

其余的非重点污染源一般采用普查的方法。进行污染源普查时,对调查时间、方法、标准都要作出规定并采用统一表格。表格一般由被调查对象填写。

2）污染源评价

污染源评价的目的是要把标准各异、量纲不同的污染物和污染源的排放量通过一定的数学方法变成一个统一的可比较值,从而确定主要的污染物和污染源。

污染源评价方法很多,目前多采用等标污染负荷法对污染物进行评价。

3)主要污染物的确定

按污染物等标污染负荷的大小排列,从大到小计算累计百分比,将累计百分比大于 80% 的污染物列为主要污染物。

4)主要污染源的确定

将污染源按等标污染物负荷的大小排列,计算累计百分比,将累计百分比大于 80% 的污染源列为主要污染源。

需要注意的是,采用等标污染物负荷法处理容易将一些毒性大、在环境中容易积累的污染物排除在主要污染物之外,然而,对这些污染物的排放控制又是必要的,所以通过计算后,还应做全面的考虑和分析,最后确定主要污染源和污染物[1]。

一旦掌握了污染场地污染状况,则可借助污染物传输与归趋模式以及污染物暴露与风险等场地评估技术,依照健康及环境风险大小决定修复优先级别、修复的范围、可采取的技术及修复标准。

3.3　污染场地环境风险评价

污染场地环境风险评价是建立在对评价区域信息的调查了解和评价技术与方法的有效运用基础上的。为了体现污染场地环境风险评价的系统性、评价程序的规范性和完整性,应该全面把握评价过程与相应的技术要求,突出评价的层次性,因此研究制定了污染场地环境风险评价框架体系。基于该框架体系,污染场地环境风险评价程序主要包括 4 大步骤。

第 1 步,对污染场地进行详细的资料调研,获取自然地理、社会与经济发展概况、气象、水文、地质和水文地质条件、水资源开发利用保护工程现状等信息和污染源分布。

第 2 步,收集修复过程中污染源释放、迁移和归宿的数据资料,识别污染物种类、暴露途径、风险受体和效应,选择评价终点。

第 3 步,分析污染性质与污染程度,进行毒性评估、暴露评估与风险表征。

第 4 步,污染场地的管理规划。

流程框架中场地信息调查是风险评价的关键性步骤,污染场地环境风险评价的核心内容大致分为污染场地的毒性评估、暴露评估与风险表征。

3.3.1　污染场地环境风险评价定义及其体系

开展环境风险评价是实现污染场地环境风险管理的有效手段。对污染场地环境风险的评价应当以风险受体为核心,具有主观性、客观性、针对性、差异性、动态性等属性。污染场地环境风险的特征、风险受体的特征、环境风险管理水平以及社会经济发展水平都会对评价标准产生影响。以风险数值化评价方法为基础建立污染场地环境风险评价结构模式,有助于管理风险、控制风险、降低风险,保障污染场地环境安全。

3.3.1.1 环境风险评价的定义

环境风险评价(environmental risk assessment)是对暴露于环境中的化学试剂、生物制剂或物理因子给人类和(或)生态系统带来不良影响(发生损害效应的性质、强度、概率等)的可能性进行预测与评价的过程。

环境风险评价通常包括生态风险评价和健康风险评价。生态风险评价(ecological risk assessment)是对污染物暴露对植物、动物和环境的潜在不利影响进行预测与评价的过程,场地生态风险评价主要包括危害识别、暴露评估、剂量-反应评价和风险表征四大要素。健康风险评价(health risk assessment)则是对化学、生物、物理或社会等因子对特定人群的潜在不利影响进行预测与评价的过程。

生态风险评价和健康风险评价的最主要的区别是评价的终点对象不同。健康环境风险评价的终点选择只有一个物种(评价对象为人),而生态风险评价的终点不止一个,不仅要考虑生物个体和群体,还要考虑群落,甚至整个生态系统,包括健康环境风险评价终点对象。无论何种风险评价,不确定性贯穿于环境风险评价的整个过程,原因在于人们对各种各样的物理及生化过程缺乏足够的认识,同时也缺乏足够的实测数据,因此在风险表征时必须对评价结果的不确定性进行分析。同时,应运用综合的专业判断、类比分析等推理技巧获得更多的风险评价所需要的数据和资料,采用技术处理手段以尽量减小不确定性,从而使风险管理者了解风险评价数据来源的方式和可靠程度,给环境管理者或决策者提供相对准确的信息,便于科学指导风险管理。结合中国场地管理的实际现状和特点,中国制定出了以人体健康风险评价为主的污染场地修复的环境风险评价体系。

环境风险评价是污染场地环境管理体系的重要组成部分,为管理决策的执行提供科学基础,主要内容包括:① 为决策者提供量化环境风险的方法;② 评价可能或已出现的环境风险源,加强对源的控制。污染场地环境风险评价的合理性与可行性是建立在对评价区域信息全面系统地调查了解、对评价技术与方法有效运用的基础上,评价方法的选取要科学合理,能很好地涵盖污染场地条件的复杂性,准确量化环境风险,并严格执行国家、地方相关法律、法规、标准中的有关规定。

污染场地环境风险评价是量化污染土壤和水体对人体健康和生态系统影响的科学方法,为场地污染控制与功能恢复提供依据。污染场地环境风险评价的目的是针对不同类型场地的污染现状和场地信息,通过污染场地风险水平的量化评价,确认场地污染的风险程度,然后根据环境风险评价结果,兼顾社会经济和政治因素,提出合理可行的场地修复目标与建议,确定科学合理的污染控制和功能恢复措施,为污染场地管理和场地污染的监测、控制和修复提供科学依据,最终实现环境风险水平的降低或消除,保护人体健康与生态系统安全。其具体意义体现在以下几个方面:修复目标的确定一般来说分为基于风险的修复目标和基于污染物总量的修复目标,污染场地环境风险评价是确定基于污染场地风险的修复目标的一个重要方法;污染场地的修复工程是一个复杂的系统工程,会消耗较多的人力物力,对于非重点区域或者可以利用环境介质自然衰减完成场地恢复的区域,污染场地环境风险评价是确定场地是否需要修复的前提;在污染场地的管理和科学研究过程中需要不断地更新现有的标准和概念,污染场地环境风险评价是定义场地污染的一种有效方式。

3.3.1.2　人体健康风险评价体系

场地污染物进入土壤后,经水、气、生物等介质传输,通过饮食、饮水、呼吸、皮肤吸收等途径引起人体暴露。人体长期暴露于有机污染物和金属元素污染的环境中会引起神经系统、肝脏、肾脏等不同程度的损害,带来健康风险。环境健康风险评估是表征因环境污染所致的潜在健康效应的过程,主要评估区域内或土壤重金属污染对人体健康造成的影响与损害,以便确定环境风险类型与等级,预测污染影响范围及危害程度,为环境风险管理提供科学依据与技术支持。目前,国外已经建立了健康风险评估的理论框架与方法,并已应用于实际的风险管理中。

20 世纪 60 年代以后,关于致癌物有无阈值以及致癌物的危险评定方法成为研究者们关注的课题,一些学者提出用实际安全剂量来估计致癌物的实际危险度。1976 年,美国 EPA 首先公布了可疑致癌物的风险评估准则,提出了有毒化学品的致癌风险评估方法,该方法为很多环境立法机构所接受,同时也引起了学术界更广泛、深入的研究和讨论,使风险评估的方法日渐普遍和成熟。1983 年,美国国家科学院(National Academy of Sciences, NAS)提出了健康风险评估的定义与框架,以及包括危害判定、剂量-效应关系评估、暴露评估和风险表征的风险评估四步法,被许多国家的健康风险评估程序所采用。

随后,美国 EPA 颁布了一系列技术性文件、导则和指南系统介绍了环境健康风险评估方法、技术,如《健康风险评估导则》《暴露风险评估指南》等。荷兰、英国等欧洲国家的风险评估体系也相继建立起来。欧洲环境署(European Environment Agency, EEA)于 1999 年颁布了环境风险评估的技术性文件,系统介绍健康风险评估的方法与内容。目前,该风险评估方法已被中国、日本、法国、荷兰等许多国家以及经济合作与发展组织(OECD)、欧洲经济共同体(European Economic Community, EEC)等一些国际组织所采用,并且已经广泛应用于人体健康风险评估。中国在美国国家科学院"NAS 四步法"的基础上,结合中国国情和污染地的特点推出了污染场地风险评估体系。中国污染场地风险评估主要包括危害识别、暴露评估和毒性评估、风险表征、确定修复目标值4部分(见图3-1)。

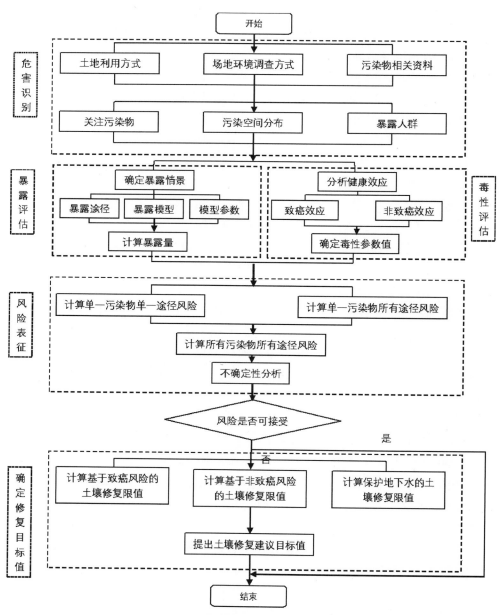

图3-1　中国污染场地风险评估程序与内容

3.3.1.3　危害识别

收集场地环境调查阶段获得的相关资料和数据,掌握场地土壤和地下水中关注污染物的浓度分布,明确规划土地利用方式,分析可能的敏感受体,如儿童、成人、地下水体等,具体包括以下 3 点。

1) 收集和分析资料

资料主要包括详细、完整的场地背景资料,如场地的使用沿革、与污染相关的人为活动、场地及周边的平面布局图、地表及地下设备设施和构筑物的分布等信息;场地环境的监测数据,尤其是不同深度土壤污染物浓度等;具有代表性的场地土壤样品的理化性质分析数据,如土壤 pH 值、容重、有机碳含量、含水量、质地等;场地(所在地)气候、水文、地质特征信息和数据,如地表年平均风速等;场地及周边地区土地利用方式、人群及建筑物等相关信息。

2) 确定土地利用方式

根据规划部门或评估委托方提供的信息,确定场地用地方式,并确定该用地方式下相应的敏感人群,如居住人群、从业人员等。场地及周边地区地下水作为饮用水或农业灌溉水时,应考虑土壤污染对地下水的影响,将地下水视为敏感受体之一。

3) 确定关注污染物

由于各污染场地之间的各项指标存在显著差异,根据污染物的毒性、停留时间、数量、迁移特性等选取几种主要关注的有害污染物。依据具体的环境调查和检测结果,选择性地对这几种污染物进行风险评估。

3.3.1.4　暴露评估

在危害识别的基础上,分析场地内关注污染物迁移和危害敏感受体的可能性,确定场地土壤和地下水污染物的主要暴露途径和暴露评估模型,确定评估模型参数取值,计算敏感人群对土壤和地下水中污染物的暴露量。

1) 暴露情景分析

暴露情景是指在特定土地利用方式下,场地污染物经由不同暴露途径迁移和到达人群的情况。根据不同土地利用方式下人群的活动模式,一般分为敏感用地和非敏感用地。不同场地土地利用方式各有不同,如煤中微量有害元素的健康风险评价针对的煤矿区场地主要属于非敏感用地中的工业用地。

2) 暴露途径确定

对于敏感用地和非敏感用地,主要有 9 种暴露途径和暴露评估模型,包括经口摄入土壤、皮肤接触土壤、吸入土壤颗粒物、吸入室外空气中来自表层土壤的气态颗粒物、吸入室外空气中来自下层土壤的气态颗粒物、吸入室内空气中来自下层土壤的气态污染物共 6 种土壤污染物暴露途径和吸入室外空气中来自地下水的气态污染物、吸入室内空气中来自地下水的气态污染物、饮用地下水共 3 种地下水污染物暴露途径。

在调查的暴露途径中,饮食摄入和室外空气吸入是对人体产生健康风险的主要途径,因此本章主要研究经口摄入土壤、皮肤接触土壤、吸入土壤颗粒物、吸入室外空气中来自表层土壤的气态颗粒物 4 种途径。

3)暴露量计算

《污染场地风险评估技术导则》(HJ 25.3—2014)规定了计算敏感用地和非敏感用地在各暴露途径下的暴露量的方法。

敏感用地土壤暴露量

(1)经口摄入土壤 敏感用地方式下,人群可因经口摄入土壤而暴露于污染土壤。对于单一污染物的致癌和非致癌效应,计算该途径对应土壤暴露量的推荐模型如下:

$$OISER_{ca} = \frac{\left(\dfrac{OSIR_c \times ED_c \times EF_c}{BW_c} + \dfrac{OSIR_a \times ED_a \times EF_a}{BW_a}\right)}{AT_{ca}} \times ABS_o \times 10^{-6}$$

$$(3-1)$$

式中,$OISER_{ca}$ 为经口摄入土壤暴露量(致癌效应),千克土壤/(千克体重·天);$OSIR_c$ 为儿童每日摄入土壤量,mg/d;$OSIR_a$ 为成人每日摄入土壤量,mg/d;ED_c 为儿童暴露期,a;ED_a 为成人暴露期,a;EF_c 为儿童暴露频率,d/a;EF_a 为成人暴露频率,d/a;BW_c 为儿童体重,kg;BW_a 为成人体重,kg;ABS_o 为经口摄入吸收效率因子,无量纲;AT_{ca} 为致癌效应平均时间,d。

对于单一污染物的非致癌效应,考虑人群在儿童期暴露受到的危害,经口摄入土壤途径的土壤暴露量采用以下公式计算:

$$OISER_{nc} = \frac{OSIR_c \times ED_c \times EF_c \times ABS_o}{BW_c \times AT_{nc}} \times 10^{-6} \qquad (3-2)$$

式中,$OISER_{nc}$ 为经口摄入土壤暴露量(非致癌效应),千克土壤/(千克体重·天);AT_{nc} 为非致癌效应平均时间,d;$OSIR_c$、ED_c、EF_c、ABS_o 和 BW_c 的参数意义见式(3-1)。

(2)皮肤接触土壤途径 敏感用地方式下,人群可因吸入空气中来自土壤的颗粒物而暴露于污染土壤。

对于单一污染物的致癌效应,考虑人群在儿童期和成人期暴露的终身危害,皮肤接触土壤途径土壤暴露量采用以下公式计算:

$$DCSER_{ca} = \frac{SAE_c \times SSAR_c \times EF_c \times ED_c \times E_v \times ABS_d}{BW_c \times AT_{ca}} \times 10^{-6} +$$

$$\frac{SAE_a \times SSAR_a \times EF_a \times ED_a \times E_v \times ABS_d}{BW_a \times AT_{ca}} \times 10^{-6}$$

$$(3-3)$$

式中，$DCSER_{ca}$ 为皮肤接触的土壤暴露量（致癌效应），千克土壤/（千克体重·天）；SAE_c 为儿童暴露皮肤表面积，cm^2；SAE_a 为成人暴露皮肤表面积，cm^2；$SSAR_c$ 为儿童皮肤表面土壤黏附系数，mg/cm^2；$SSAR_a$ 为成人皮肤表面土壤黏附系数，mg/cm^2；ABS_d 为皮肤接触吸收效率因子，无量纲；E_v 为每日皮肤接触事件频率，次/天。EF_c、ED_c、BW_c、AT_{ca}、EF_a、ED_a 和 BW_a 的参数意义见式（3-1）。SAE_c 和 SAE_a 的参数值分别采用式（3-4）和式（3-5）计算：

$$SAE_c = 239 \times H_c^{0.417} \times BW_c^{0.517} \times SER_c \tag{3-4}$$

$$SAE_a = 239 \times H_a^{0.417} \times BW_a^{0.517} \times SER_a \tag{3-5}$$

式中，H_c 为儿童平均身高，cm；H_a 为成人平均身高，cm；SER_c 为儿童暴露皮肤所占面积比，无量纲；SER_a 为成人暴露皮肤所占面积比，无量纲。式（3-4）和式（3-5）中 BW_c 和 BW_a 的参数意义见式（3-1）。

对于单一污染物的非致癌效应，考虑人群在儿童期暴露受到的危害，皮肤接触土壤途径对应的土壤暴露量采用以下公式计算：

$$DCSER_{nc} = \frac{SAE_c \times SSAR_c \times EF_c \times ED_c \times E_v \times ABS_d}{BW_c \times AT_{nc}} \times 10^{-6} \tag{3-6}$$

式中，$DCSER_{nc}$ 为皮肤接触的土壤暴露量（非致癌效应），千克土壤/（千克体重·天）；SER_c、$SSAR_c$、E_v 和 ABS_d 的参数意义见式（3-3）；EF_c、ED_c、BW_c 的意义见式（3-1）；AT_{nc} 的参数意义见式（3-2）。

（3）吸入土壤颗粒物途径　对于单一污染物的致癌效应，考虑人群在儿童期和成人期暴露的终生危害，吸入土壤颗粒物途径对应的土壤暴露量采用以下公式计算：

$$PISER_{ca} = \frac{PM_{10} \times DAIR_c \times ED_c \times PIAF \times (fspo \times EFO_c + fspi \times EFI_c)}{BW_c \times AT_{ca}} \times 10^{-6} +$$

$$\frac{PM_{10} \times DAIR_a \times ED_a \times PIAF \times (fspo \times EFO_a + fspi \times EFI_a)}{BW_a \times AT_{ca}} \times 10^{-6}$$

$$\tag{3-7}$$

式中，$PISER_{ca}$ 为吸入土壤颗粒物的土壤暴露量（致癌效应），千克土壤/（千克体重·天）；PM_{10} 为空气中可吸入悬浮颗粒物含量，mg/m^3；$DAIR_a$ 为成人每日空气吸入量，m^3/d；$DAIR_c$ 为儿童每日空气吸入量，m^3/d；$PIAF$ 为吸入土壤颗粒物在体内滞留比例，无量纲；$fspi$ 为室内空气中来自土壤的颗粒物所占比例，无量纲；$fspo$ 为室外空气中来自土壤的颗粒物所占比例，无量纲；EFI_a 为成人的室内暴露频率，d/a；EFI_c 为儿童的室内暴露频率，d/a；EFO_a 为成人的室外暴露频率，d/a；EFO_c 为儿童的室外暴露频率，d/a；ED_c、ED_a、BW_c、BW_a 和 AT_{ca} 的参数意义见式（3-1）。

对于单一污染物的非致癌效应,考虑人群在儿童期暴露受到的危害,吸入土壤颗粒物途径对应的土壤暴露量采用以下公式计算:

$$PISER_{nc} = \frac{PM_{10} \times DAIR_c \times ED_c \times PIAF \times (fspo \times EFO_c + fspi \times EFI_c)}{BW_c \times AT_{nc}} \times 10^{-6}$$

$$(3-8)$$

式中,$PISER_{nc}$ 为吸入土壤颗粒物的土壤暴露量(非致癌效应),千克土壤/(千克体重·天);PM_{10}、$DAIR_c$、$fspi$、$fspo$、EFO_c、EFI_c 和 $PIAF$ 的参数意义见式(3-7),ED_c、BW_c 的参数意义见式(3-1),AT_{nc} 的参数意义见式(3-2)。

(4) 吸入室外空气中来自表层土壤的气态污染物途径 对于单一污染物的致癌效应,考虑人群在儿童期和成人期暴露的终生危害,吸入室外空气中来自表层土壤的气态污染物途径对应的土壤暴露量采用以下公式计算:

$$IOVER_{ca1} = VF_{suboa} \times \left(\frac{DAIR_c \times EFO_c \times ED_c}{BW_c \times AT_{ca}} + \frac{DAIR_a \times EFO_a \times ED_a}{BW_a \times AT_{ca}} \right)$$

$$(3-9)$$

式中,$IOVER_{ca1}$ 为吸入室外空气中来自表层土壤的气态污染物对应的土壤暴露量(致癌效应),千克土壤/(千克体重·天);VF_{suboa} 为表层土壤中污染物扩散进入室外空气的挥发因子,kg/m^3。$DAIR_c$、$DAIR_a$、EFO_c 和 EFO_a 的参数意义见式(3-7);ED_c、BW_c、ED_a、BW_a、AT_{ca} 的参数意义见式(3-1)。

对于单一污染物的非致癌效应,考虑人群在儿童期暴露的终生危害,吸入室外空气中来自表层土壤的气态污染物途径对应的土壤暴露量采用以下公式计算:

$$IOVER_{nc1} = VF_{suboa} \times \frac{DAIR_c \times EFO_c \times ED_c}{BW_c \times AT_{nc}} \qquad (3-10)$$

式中,$IOVER_{nc1}$ 为吸入室外空气中来自表层土壤的气态污染物途径对应的土壤暴露量(非致癌效应),千克土壤/(千克体重·天);VF_{suboa} 的参数意义见式(3-9);$DAIR_c$ 和 EFO_c 的参数意义见式(3-7);AT_{nc} 的意义见式(3-2);ED_c 和 BW_c 的参数意义见式(3-1)。

非敏感用地土壤暴露量

(1) 经口摄入土壤途径 非敏感用地方式下,人群可因经口摄入土壤而暴露于污染土壤。

对于单一污染物的致癌效应,考虑人群在成人期暴露的终生危害,经口摄入土壤途径对应的土壤暴露量采用以下公式计算:

$$OISER_{ca} = \frac{OSIR_a \times ED_a \times EF_a \times ABS_o}{BW_a \times AT_{ca}} \times 10^{-6} \qquad (3-11)$$

式中，$OISER_{ca}$、$OSIR_a$、ED_a、EF_a、ABS_o、BW_a 和 AT_{ca} 的参数意义见式(3-1)。

　　对于单一污染物的非致癌效应，考虑人群在成人期暴露的终生危害，经口摄入土壤途径对应的土壤暴露量采用以下公式计算：

$$OISER_{nc} = \frac{OSIR_a \times ED_a \times EF_a \times ABS_o}{BW_a \times AT_{nc}} \times 10^{-6} \qquad (3-12)$$

式中，$OSIR_a$、ED_a、EF_a、ABS_o、BW_a 的参数意义见式(3-1)，$OISER_{nc}$ 和 AT_{nc} 的参数意义见式(3-2)。

　　(2) 皮肤接触土壤途径　非敏感用地方式下，人群可因皮肤直接接触而暴露于污染土壤。

　　对于单一污染物的致癌效应，考虑人群在成人期暴露的终生危害。皮肤接触土壤途径的土壤暴露量采用以下公式计算：

$$DCSER_{ca} = \frac{SAE_a \times SSAR_a \times EF_a \times ED_a \times E_v \times ABS_d}{BW_a \times AT_{ca}} \times 10^{-6} \qquad (3-13)$$

式中，$DCSER_c$、SAE_a、$SSAR_a$、E_v 和 ABS_d 的参数意义式(3-3)，BW_a、ED_a、EF_a、AT_{ca} 的参数意义见式(3-1)。

　　对于单一污染物的非致癌效应，考虑人群在成人期的暴露危害。皮肤接触土壤途径的土壤暴露量采用以下公式计算：

$$DCSER_{nc} = \frac{SAE_a \times SSAR_a \times EF_a \times ED_a \times E_v \times ABS_d}{BW_a \times AT_{nc}} \times 10^{-6} \qquad (3-14)$$

式中，$DCSER_{nc}$ 的参数意义见式(3-6)，SAE_a、$SSAR_a$、E_v 和 ABS_d 的参数意义见式(3-3)，AT_{nc} 的参数意义见式(3-2)，BW_a、ED_a、EF_a 的参数意义见式(3-1)。

　　(3) 吸入土壤颗粒物途径　非敏感用地方式下，人群可因吸入空气中来自土壤的颗粒物而暴露于污染土壤。

　　对于单一污染物的致癌效应，考虑人群在成人期暴露的终生危害。吸入土壤颗粒物途径对应的土壤暴露量采用以下公式计算：

$$PISER_{ca} = \frac{PM_{10} \times DAIR_a \times ED_a \times PIAF \times (fspo \times EFO_a + fspi \times EFI_a)}{BW_a \times AT_{ca}} \times 10^{-6}$$

$$(3-15)$$

式中，$PISER_{ca}$、PM_{10}、$DAIR_a$、$fspi$、$fspo$、EFO_a、EFI_a 和 $PIAF$ 的参数意义见式(3-7)，BW_a、ED_a 和 AT_{ca} 的参数意义见式(3-1)。

对于单一污染物的非致癌效应,考虑人群在成人期的暴露危害。吸入土壤颗粒物途径对应的土壤暴露量采用以下公式计算:

$$PISER_{nc} = \frac{PM_{10} \times DAIR_a \times ED_a \times PIAF \times (fspo \times EFO_a + fspi \times EFI_a)}{BW_a \times AT_{nc}} \times 10^{-6}$$

$$(3-16)$$

式中,$PISER_{nc}$ 的参数意义见式(3-8),PM_{10}、$DAIR_a$、$fspi$、$fspo$、EFO_a、EFI_a 和 $PIAF$ 的参数意义见式(3-7),BW_a、ED_a 的参数意义见式(3-1),AT_{nc} 的参数意义见式(3-2)。

(4) 吸入室外空气中来自表层土壤的气态污染物途径 对于单一污染物的致癌效应,考虑人群在成人期暴露的终生危害,吸入室外空气中来自表层土壤的气态污染物对应的土壤暴露量采用以下公式计算:

$$IOVER_{ca1} = VF_{suboa} \times \frac{DAIR_a \times EFO_a \times ED_a}{BW_a \times AT_{ca}} \qquad (3-17)$$

式中,$IOVER_{ca1}$ 和 VF_{suboa} 的参数意义见式(3-9),$DAIR_a$ 和 EFO_a 的参数意义见式(3-7),ED_a、BW_a、AT_{ca} 的参数意义见式(3-1)。

对于单一污染物的非致癌效应,考虑人群在成人期的暴露危害。吸入室外空气中来自表层土壤的气态污染物对应的土壤暴露量采用以下公式计算:

$$IOVER_{nc1} = VF_{suboa} \times \frac{DAIR_a \times EFO_a \times ED_a}{BW_a \times AT_{nc}} \qquad (3-18)$$

式中,$IOVER_{nc1}$ 和 VF_{suboa} 的参数意义见式(3-10)和式(3-9),$DAIR_a$ 和 EFO_a 的参数意义见式(3-7),AT_{nc} 的意义见式(3-2),ED_a 和 BW_a 的参数意义见式(3-1)。

3.3.1.5　毒性评估

在危害识别的基础上,应分析关注污染物对人体健康的危害效应,包括致癌效应和危害商,并确定与关注污染物相关的参数,包括参考剂量、参考浓度、致癌斜率因子和呼吸吸入单位致癌因子等。

暴露强度与不良反应增加的可能性及不良健康反应程度之间的关系可以用毒性评估来估计,它也是污染物是否能够引起人群不良健康反应的证据。不同的化学物质对人体产生的危害效果不同,可以分为对人体的致癌毒性和非致癌毒性,同时毒性评估也包括致癌评估和非致癌评估。

毒性评估可分为两个步骤:分析污染物毒性效应和确定污染物相关参数。分析污染物毒性效应是指分析污染物经不同途径对人体健康的危害效应,包括致癌效应、危害商、污染物对人体健康的危害机理和剂量-效应关系等。

3.3.1.6　危险表征

在暴露评估和毒性评估的基础上将数据收集与分析、暴露评估以及风险评估过程所得的信息进行综合分析,采用风险评估模型计算土壤和地下水中单一污染物经单一途径的致癌风险和危害商,量化可能产生的某种健康效应的概率或者健康危害的强度,再进一步结合实际和计算过程进行不确定性分析。

风险表征是污染场地环境风险评价的关键环节。经过不确定性分析最终量化表征风险程度,判断风险是否可接受,为环境管理者或者环境治理者提供风险管理的科学依据以及环境治理时的指导。

如果某一地块内关注污染物的检测数据呈正太分布,可根据检测数据的平均值、平均值置信区间商限值或最大值计算致癌风险和危害商。风险表征得到的场地污染物的致癌风险和危害商可作为确定场地污染程度的重要依据。

1) 致癌风险

(1) 对于单一污染物经口摄入土壤途径的致癌风险采用以下公式计算:

$$CR_{ois} = OISER_{ca} \times C_{sur} \times SF_o \tag{3-19}$$

式中,CR_{ois} 为经口摄入土壤途径的致癌风险,无量纲;C_{sur} 为表层土壤中污染物的浓度,mg/kg;SF_o 为经口摄入致癌斜率因子;$OISER_{ca}$ 的意义见式(3-1)。

(2) 对于单一污染物皮肤接触土壤途径的致癌风险采用以下公式计算:

$$CR_{dcs} = DCSER_{ca} \times C_{sur} \times SF_d \tag{3-20}$$

式中,CR_{dcs} 为皮肤接触土壤途径的致癌风险,无量纲;SF_d 为皮肤接触致癌斜率系数;$DCSER_{ca}$ 的参数意义见式(3-3),C_{sur} 的参数意义见式(3-19)。

(3) 对于单一污染物吸入土壤颗粒物途径的致癌风险采用以下公式计算:

$$CR_{pis} = PISER_{ca} \times C_{sur} \times SF_i \tag{3-21}$$

式中,CR_{pis} 为吸入土壤颗粒物途径的致癌风险,无量纲;SF_i 为呼吸吸入致癌斜率因子;$PISER_{ca}$ 的参数意义见式(3-7),C_{sur} 的参数意义见式(3-19)。

2) 危害商

(1) 对于单一污染物经口摄入土壤途径的危害商(非致癌风险)采用以下公式计算:

$$HQ_{ois} = \frac{DISER_{nc} \times C_{sur}}{RfD_o \times SAF} \tag{3-22}$$

式中,HQ_{ois} 为经口摄入土壤途径的危害商,无量纲;SAF 为暴露于土壤的参考计量分配系数,无量纲;RfD_o 为经口摄入参考剂量;$OISER_{nc}$ 的意义见式(3-2),C_{sur} 的参数意义见式(3-19)。

（2）对于单一污染物皮肤接触土壤途径的危害商采用以下公式计算：

$$HQ_{dcs} = \frac{DCSER_{nc} \times C_{sur}}{RfD_d \times SAF} \qquad (3-23)$$

式中，HQ_{dcs} 为皮肤接触土壤途径的危害商，无量纲；RfD_d 为皮肤接触参考剂量；$DCSER_{nc}$ 的参数意义见式（3-6），C_{sur} 的参数意义见式（3-19），SAF 的参数意义见式（3-22）。

（3）对于单一污染物吸入土壤颗粒物途径的危害商采用以下公式计算：

$$HQ_{pis} = \frac{PISER_{nc} \times C_{sur}}{RfD_i \times SAF} \qquad (3-24)$$

式中，HQ_{pis} 为吸入土壤颗粒物途径的危害商，无量纲；RfD_i 为呼吸吸入参考剂量；$PISER_{nc}$ 的参数意义见式（3-8），C_{sur} 的参数意义见式（3-19），SAF 的参数意义见式（3-22）。

3.3.1.7 风险控制值计算

1）可接受致癌风险和危害商

在风险表征的基础上，判断计算得到的风险值是否超过可接受风险水平。若污染场地风险评估结果未超过可接受风险水平，则结束风险评估工作；如污染场地风险评估结果超过可接受风险水平，则计算土壤中关注污染物的风险控制值；若调查结果表明，土壤中关注污染物可迁移进入地下水，则计算保护地下水的土壤风险控制值，根据计算结果，提出关注污染物的土壤风险控制值。计算方法和风险控制值如下所述。

2）风险控制值计算

（1）基于致癌效应的风险控制值：

① 基于经口摄入土壤途径致癌效应的土壤风险控制值采用以下公式计算：

$$RCVS_{ois} = \frac{ACR}{OISER_{ca} \times SF_o} \qquad (3-25)$$

式中，$RCVS_{ois}$ 为基于经口摄入途径致癌效应的土壤风险控制值，mg/kg；ACR 为可接受致癌风险，无量纲，取值为 10^{-6}；$OISER_{ca}$ 的参数意义见式（3-1），SF_o 的参数意义见式（3-19）。

② 基于皮肤接触土壤途径致癌效应的土壤风险控制值采用以下公式计算：

$$RCVS_{dcs} = \frac{ACR}{DCSER_{ca} \times SF_d} \qquad (3-26)$$

式中，$RCVS_{dcs}$ 为基于皮肤接触途径致癌效应的土壤风险控制值，mg/kg；ACR 的参数意义见式(3-25),$DCSER_{ca}$ 的参数意义见式(3-3),SF_d 的参数意义见式(3-20)。

③ 基于吸入土壤颗粒物途径致癌效应的土壤风险控制值采用以下公式计算:

$$RCVS_{pis} = \frac{ACR}{PISER_{ca} \times SF_i} \tag{3-27}$$

式中,$RCVS_{pis}$ 为基于吸入土壤颗粒物途径致癌效应的土壤风险控制值,mg/kg;ACR 的参数意义见式(3-25),$PISER_{ca}$ 的参数意义见式(3-7),SF_i 的参数意义见式(3-21)。

(2) 基于危害商(非致癌效应)的风险控制值:

① 基于经口摄入土壤途径非致癌效应的土壤风险控制值采用以下公式计算:

$$HCVS_{ois} = \frac{RfD_o \times SAF \times AHQ}{OISER_{nc}} \tag{3-28}$$

式中,$HCVS_{ois}$ 为基于经口摄入土壤途径非致癌效应的土壤风险控制值,mg/kg;AHQ 为可接受危害商,无量纲,取值为 1;RfD_o 的参数意义见式(3-22),$OISER_{nc}$ 的参数意义见式(3-2),SAF 的参数意义见式(3-22)。

② 基于皮肤接触土壤途径非致癌效应的土壤风险控制值采用以下公式计算:

$$HCVS_{dcs} = \frac{RfD_d \times SAF \times AHQ}{DCSER_{nc}} \tag{3-29}$$

式中,$HCVS_{dcs}$ 为基于皮肤接触土壤途径非致癌效应的土壤风险控制值,mg/kg;AHQ 的参数意义见式(3-28);RfD_d 的参数意义见式(3-22),$DCSER_{nc}$ 的参数意义见式(3-6),SAF 的参数意义见式(3-22)。

③ 基于吸入土壤颗粒物途径非致癌效应的土壤风险控制值采用式(3-30)计算:

$$HCVS_{pis} = \frac{RfD_i \times SAF \times AHQ}{PISER_{nc}} \tag{3-30}$$

式中,$HCVS_{pis}$ 为基于吸入土壤颗粒物途径非致癌效应的土壤风险控制值,mg/kg;AHQ 的参数意义见式(3-28);RfD_i 的参数意义见式(3-24),$PISER_{nc}$ 的参数意义见式(3-8),SAF 的参数意义见式(3-22)[3]。

比较基于致癌风险和非致癌危害商计算得到的修复目标值,选择较小值作为场地污染物修复目标值。场地初步污染物修复目标值是基于风险评估模型的计算值,是确定污染场地修复目标的重要参考值。污染场地最终修复目标的确定还应综合考虑修复后土壤的最终去向和使用方式、修复技术的选择、修复时间、修复成本以及法律法规、社会经济等因素。

3.3.2　污染场地风险评估概念模型

健康风险评价是一项非常复杂的工作,其中涉及多介质,多种暴露途径,污染物在环境介质中的分配、迁移转化等过程,以及各种场地参数、暴露情景参数和生态毒理参数等,需要十分复杂的数学计算过程。为简化风险评估的工作流程,提高工作效率,国外已经开发了一些模型,并且得到了广泛应用,如英国的 CLEA 模型、丹麦的 CETOX 模型、荷兰的 CSOIL 模型、美国加利福尼亚州的 CALTOX 模型、德国的 UMS 模型、欧盟的 EUSES 模型以及美国的 RBCA 模型等。虽然以上模型均考虑了环境中污染物经食物链对人体健康的危害,但在暴露途径上所采用的作物吸收模型却有所不同。

污染场地概念模型开发的重要步骤主要是确定项目目标,汇编场地数据,进行水文地质调查及污染物分布调查,对调查数据进行定量分析以鉴别场地不确定性因素,对场地进行加密调查以进行进一步定量分析,以及修复方案的选择[4]。

参 考 文 献

[1] 贾建丽.污染场地修复风险评价与控制[M].北京:化学工业出版社,2015:33-45.

[2] 孙铁珩,李培军,周启星.土壤污染形成机理与修复技术[M].北京:科学出版社,2005:28-36.

[3] 胡辉,杨家宽.环境影响评价[M].武汉:华中科技大学出版社,2010:50-70.

[4] 薛南冬,李发生.持久性有机污染物(POPs)污染场地风险控制与环境修复[M].北京:科学出版社,2011:36-62.

第4章 土壤环境修复技术

我国土壤修复技术研究起步较晚,加之区域发展不均衡性、土壤类型多样性、污染场地特征变异性、污染类型复杂性、技术需求多样性等因素,主要以植物修复为主,已建立许多示范基地、示范区和试验区,并取得了许多植物修复技术成果,以及修复植物资源化利用技术成果。物理/化学修复技术中研究运用较多的是固化/稳定化、化学氧化-还原、淋洗和土壤电动力学修复,目标是污染场地土壤的原位修复。联合修复技术中研究运用较多的是微生物/动物-植物联合修复技术、化学/物化-生物联合修复技术和物理-化学联合修复技术,目标是混合污染场地土壤修复。对污染土壤实施修复可阻断污染物进入食物链,防止对人体健康造成危害,对促进土地资源的保护和可持续发展具有重要意义。

土壤科学研究已经从传统的农林土壤学发展为环境土壤学,污染土壤修复的研究已成为土壤科学的学科前沿。紧紧把握住污染土壤修复技术创新的方向直接关系到国家的农业健康发展与生态安全,因此土壤污染修复技术日益受到青睐,人们已经开发出多种有效的土壤污染修复技术。

物理修复技术是修复土壤重金属污染的常见技术手段,通常分为改土法和土壤固化法,前者主要改变土壤条件和周边环境状态,后者主要集中处理土壤中的危险性废弃物,以降低重金属等污染物对土壤产生的负面影响。化学修复技术的主要方法包括浸出、钝化、稳定和有机改良等。一般来说,浸出适合污染很严重的土壤环境,它可以处理大量的土壤,而钝化和稳定化适合污染程度较小的土壤环境。生物修复技术包括植物修复技术和微生物再生技术,前者主要应用于处理矿产环境中的土壤,应用后给环境带来的压力较小,成本也不高;而后者则是利用土壤中的微生物减少有害物质对土壤环境的影响。

就当前对污染土壤的管理经验而言,应通过实地项目评估和分析,严格辨别和了解土壤污染状况及种类,并基于土壤管理规范和管理状况选择土壤管理技术。只有充分考虑土地重建技术,适当结合具体经济环境和重建技术的可行性,有目的、有针对性地制定解决方案,才能详细制订污染土壤工程计划,防止第二次污染。

4.1 污染土壤修复技术概述

根据土壤污染类型,在选择土壤污染修复技术时必须考虑修复的目的、社会经济状况、修复技术的可行性等。就修复的目的而言,有的是为了使污染土壤能够安全地用于农业生产,而有的则是限制土壤污染物对其他环境组分(如水体和大气等)的污染。不同修复目的可选择的修复技术不同,就社会经济状况而言,有的修复工作可以在充足的经费支撑下进行,此时可供选择的修复技术比较多;有的修复工作只能在有限的经费支撑下进行,此时可供选择的修复技术就有限。土壤是一个高度复杂的体系,任何修复方案都必须根据当地的实际情况而制定,不可完全照搬其他国家、地区和其他土壤的修复方案。因此,在选择修复技术和制订修复方案时应该考虑因地制宜原则、可行性原则和保护耕地原则[1]。

4.1.1 土壤修复技术的基本概念

土壤修复是指利用物理、化学和生物的方法转移、吸收、降解和转化土壤中的污染物,使其浓度降低到可接受水平,或将有毒有害的污染物转化为无害的物质。从根本上说,污染土壤修复的技术原理可概括为以下两点:① 改变污染物在土壤中的存在形态或与土壤的结合方式,降低其在环境中的可迁移性与生物可利用性;② 降低土壤中有害物质的浓度。我国城市化的快速发展在很大程度上也加剧了城市土壤的重金属污染问题。这种影响主要体现在污染物的大量产生和转移上,很大一部分污染物都直接或间接地进入城市和周边地区的土壤生态系统中。

4.1.2 土壤修复的分类与技术体系

污染土壤修复的分类与技术体系可概括如表 4-1。

表 4-1 污染土壤修复分类与技术体系

分 类		技 术 方 法
按修复场地分类	原位修复(in-situ)	蒸气浸提、生物通风、原位化学淋洗、热力学修复、化学还原处理墙、固化/稳定化、电动力学修复、原位微生物修复等
	异位修复(ex-situ)	蒸气浸提、泥浆反应器、土壤耕作法、土壤堆腐、焚烧法、预制床、化学淋洗等
按技术类别分类	物理/化学修复	物理分离、蒸气浸提、玻璃化、热力学、固化/稳定化、冰冻、电动力学等技术

（续表）

分　类		技　术　方　法
按技术类别分类	生物修复	微生物修复：生物通风、泥浆反应器、预制床等 植物修复：植物提取、植物挥发、植物固化等
	生态工程修复	生态覆盖系统、垂直控制系统和水平控制系统等
	联合修复	物理/化学-生物：淋洗-生物反应器联合修复等 植物-微生物联合修复：植物-菌根菌剂联合修复等

近年来，原位修复技术显示出旺盛的生命力，在美国超基金支持的修复计划中，原位修复技术所占的比例呈上升趋势，从 1985—1988 年的 28% 上升到 1995—1999 年的 51%。随着环境工程技术人员及政府对环境修复技术的信赖度不断提高，修复技术在生物学、化学、物理和生态学等多领域有了进一步的研发、应用和推广。随着对场地环境要求的提高，污染土壤修复的重要性也日趋显著，其中原地异位处理技术的优势逐渐凸显出来。该技术是在原地对挖掘的土壤不进行外运，是在项目区原地进行异位处理的土壤修复技术。原地异位处理技术适合有较大开挖区域的场地。经过原地异位处理后的土壤可以直接回填，可减少异地占地和运输成本，降低修复成本。但由于该技术操作过程中要将土体开挖后再与试剂混合，需要耗费大量人力，并且难以达到良好的混合均匀度，因此有学者发明了一种原地异位污染土修复装置。该修复装置包括土壤供给罐、试剂供给罐和粉碎机，土壤供给罐和试剂供给罐分别与粉碎机连接。该修复装置结构简单，操作简便，适用于污染土壤修复工程，同时能够充分地将待修复土壤与修复试剂进行打碎混合，解决了原地异位修复技术现场处理和现场利用的难题。

4.2　土壤异位修复技术

污染场地修复技术按修复方式可分为原位修复技术和异位修复技术。异位修复是指将受污染的土壤从发生污染的位置挖掘出来，在原场址范围内或经过运输后再进行治理的技术。异位修复适用于处理污染浓度较高、风险较大且污染土壤量不是很大的场地；可以选择直接有效的技术方法集中处理污染土壤，处理效率高且彻底，在监测方面比较容易控制，可降低监测成本。但是，污染土壤需要运输至处理场地，增加运输成本；挖掘、运输和转移过程中存在污染物扩散的风险，因此须严格控制污染物的扩散，防止对环境和人体造成影响。

4.2.1　异位固化/稳定化技术

异位固化/稳定化技术是将土壤从最初污染位置挖掘出来，运输至一个处理系统中实现与固化剂的混合和后续养护。挖掘污染土壤增加了运输成本,并且增大了污染物向周围扩散的可能性,但是异位处置能够很好地控制试剂加入量,能够保证污染土壤与固化剂的充分混合,比较适用于污染深度较浅的场地。

4.2.1.1 基本概念及适用性

(1)技术名称:异位固化/稳定化(ex-situ solidification/stabilization)。

(2)适用的介质:污染土壤。

(3)可处理的污染物类型:金属类、石棉、放射性物质、腐蚀性无机物、氰化物、砷化合物等无机物以及农药/除草剂、石油或多环芳烃类、多氯联苯类以及二噁英等有机化合物。

(4)应用限制条件:不适用于挥发性有机化合物和以污染物总量为验收目标的项目;当需要添加较多的固化剂/稳定剂时,对土壤的增容效应较大,会显著增加后续土壤处置费用。

(5)原理:向污染土壤中添加固化剂/稳定剂,经充分混合,使其与污染介质、污染物发生物理、化学作用,将污染土壤固封为结构完整的具有低渗透性的固化体,或将污染物转化成化学性质不活泼形态,降低污染物在环境中的迁移和扩散。

4.2.1.2 技术实施过程

技术实施过程包括实验室研究、运行维护和监测、修复周期及参考成本估算等相关方面。

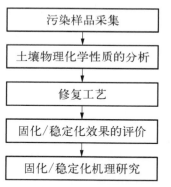

图 4-1 实验室研究流程图

1)实验室研究

实验室研究是在恒定的温度和湿度环境条件下进行前处理和固化剂选择的小批量试验,用以指导现场试验和处置工程的实施。实验室研究流程如图 4-1 所示。

2)运行维护和监测

固化/稳定化的运行维护和监测包括土壤挖掘安全、安全防护、防止二次扩散、长期监测等方面。

(1)土壤挖掘安全:围栏封闭作业,设立警示标志,规避地下隐蔽设施。

(2)安全防护:工人应注意劳动防护。

(3)防止二次扩散:采取措施防止雨水进入土壤,防止因降雨冲洗土壤而携带污染物进入周边环境;防止刮风引起尘土飞扬,造成二次扩散。

(4)长期监测:根据国外经验,对于固化/稳定化后采用回填处理的土壤,需要在地下水的下游设置至少 1 口监测井,每季度监测一次,持续两年,确保没有泄露[2]。

3)修复周期及参考成本估算

根据施工机械台班等设置情况,异位土壤固化/稳定化修复的每日处理量从

$100 \ m^3$ 至 $1\ 200\ m^3$ 不等。根据污染物不同类型及其污染程度需要添加不同种类、不同剂量的固化剂/稳定剂;土壤污染深度、挖掘难易程度、短驳距离长短等都会影响修复成本。据美国 EPA 数据,对于小型场地(1 000 cy[①],约合 765 m^3),处理成本为 $160 \sim 245$ 美元/米^3;对于大型场地(50 000 cy,约合 38 230 m^3),处理成本为 $90 \sim 190$ 美元/米^3。国内一般为 $500 \sim 1\ 500$ 元/米^3。

4.2.1.3 应用案例

固化/稳定化是比较成熟的固体废弃物处置技术,20 世纪 80—90 年代,美国 EPA 率先将固化/稳定化技术用于污染土壤的修复研究。

1)国外应用情况

据美国超级基金项目统计,1982—2018 年污染源处理项目中,有 9 180 项应用该技术,占污染源异位修复项目的 25.4%,是使用最多的污染源修复技术。表 4-2 所示是英国环保署组织编写的《污染土壤稳定/固化处理技术导则》中的典型案例。

表 4-2 污染土壤异位固化/稳定化技术国外应用案例

序号	场 地 名 称	目标污染物	固化/稳定药剂	规模/m³
1	美国马萨诸塞州军事保护区	Pb	某 M 药剂	13 601
2	美国 Sulfur Bank Mercury Mine 场地	Hg	硫化物	—
3	美国佛罗里达州 Pepper Steel & Alloy 场地	Pb、As、PCBs	水泥等	47 400
4	美国佐治亚州 PAHAZCON 场地	Zn、Pb、PCBs、苯酚、石油烃	水泥等	191 100
5	英国汉普郡某工业场地	重金属、石油烃	水泥、改性活性蒙脱石	1 200

2)国内应用情况

我国的污染土壤固化/稳定化研究起步于 21 世纪初。2010 年以来,该技术在工程上的应用快速增长,已成为重金属污染土壤修复的主要技术方法之一。据不完全统计,目前国内实施土壤固化/稳定化修复的工程案例已超过 50 项。以下所述典型案例由上海市环境科学研究院提供。

(1)工程背景 某地块原为某发电厂,将开发为文化创意街区。对场地进行网格化划分后进行土壤质量监测,确定污染单元后进行加密监测。由于该地块要求尽量削减修复时间,以缓解地块再开发面临的施工进度压力,同时该地块对现场遗留土壤质量的要求较高,综合考虑以上因素,确定采用污染土壤清挖、现场处理、异地处置的方式对地块进行修复,以《展览会用地土壤环境质量评价标准(暂行)》

---

① cy 指体积单位立方码(cubic yard),1 cy=0.764 6 m^3。

(HJ 350—2007)的 A 级标准作为场地清理的判断标准。

（2）工程规模 场地面积为 5 400 m²，土壤污染深度为 1～4 m，需修复的总土方量约为 12 400 m³。

（3）主要污染物及污染程度 场地大部分地块土壤污染物为重金属铜、铅、锌，其中一个地块为多环芳烃。污染物的最大监测浓度为：铜 7 220 mg/kg、铅 4 150 mg/kg、锌 3 340 mg/kg、苯并(a)蒽 4.6 mg/kg、苯并(b)荧蒽 5.78 mg/kg、苯并(a)芘 4.07 mg/kg。

（4）技术选择 该修复项目要求时间短，同时污染物以重金属和低浓度的多环芳烃为主，基于现场土壤开展了异位固化/稳定化修复技术的可行性评价研究，该技术能满足制定的修复目标。然后从场地特征、资源需求、成本、环境、安全、健康、时间等方面进行详细评估，最终选定处理时间短、技术成熟、操作灵活且对场地水文地质特性要求较为宽松的固化/稳定化技术进行处理。

（5）工艺流程和关键设备 修复工程技术路线和施工流程主要包括污染土壤挖掘、土壤含水量控制、粉状稳定剂布料添加、混匀搅拌处理、养护反应、外运资源化利用、现场验收监测等环节。采用挖掘机进行土壤挖掘，当挖掘深度大于 1 m 时，土壤含水量较高，采用晾晒风干方式降低土壤含水量；使用筛分破碎铲斗进行土壤与粉状稳定剂的混匀搅拌，同时实现土壤的破碎。验收监测包括挖掘后进行基坑采样及污染物全量分析，稳定化处理后进行土壤采样及浸出毒性测试。关键设备主要有土壤挖掘设备、土壤短驳运输设备、土壤-稳定剂混合搅拌设备等。

（6）主要工艺及设备参数 基于现场污染土壤进行了大量实验室研究，确定了最佳稳定剂类型和添加量。稳定剂主要由粉煤灰、铁铝酸钙、高炉渣、硫酸钙以及碱性激活剂组成，另外，为了增强对重金属污染物的吸附作用添加了约 30% 的黏土矿物。稳定剂的质量添加比例为 16.5%。土壤-稳定剂混合搅拌设备为筛分破碎铲斗，该设备能实现土壤与稳定剂的混匀，由于土壤水分含量较低，在混匀搅拌过程中可实现土壤的破碎。

（7）成本分析 该项目包含建设施工投资、稳定剂费用、设备投资、运行管理费用，处理成本约为 480 万元；其运行过程中的主要能耗为挖掘机及筛分破碎铲斗的油耗、普通照明、生活用水用电，约为 60 万元。

（8）修复效果 经过挖掘后所采集的土壤样品中污染物含量均低于制定的修复目标值。参照《固体废弃物浸出毒性浸出方法硫酸硝酸法》（HJ/T 299—2007）对稳定处理后的土壤提取浸出液，浸出液中污染物的浓度均低于制定的土壤浸出液污染物浓度目标值，满足修复要求并通过业主独立委托的某地环境监测中心的验收监测[3]。

4.2.2　异位化学氧化/还原技术

异位化学氧化/还原技术主要用来修复被油类、有机溶剂、卤代烃类等污染物污染的土壤,具有工程实施简便、处理时间短、适用范围较广、效果明显等优势,是一种在国内外广泛应用的污染物处理方式。异位化学氧化/还原技术处置成本适中,影响氧化/还原技术处置效果的主要因素是土壤性质和污染物成分。化学氧化处理后可能改变土壤有机质、铁离子、硫酸根离子含量等指标,对修复后土壤利用可能会造成影响。

4.2.2.1　基本概念及适用性

(1)技术名称:异位化学氧化/还原(ex-situ chemical oxidization/reduction)。

(2)适用的介质:污染土壤。

(3)可处理的污染物类型:化学氧化可处理石油烃、BTEX(苯、甲苯、乙苯、二甲苯)、酚类、MTBE(甲基叔丁基醚)、含氯有机溶剂、多环芳烃、农药等大部分有机物;化学还原可处理重金属类(如六价铬)和氯代有机物等。

(4)应用限制条件:异位化学氧化技术不适用于重金属污染土壤的修复,对于吸附性强、水溶性差的有机污染物应考虑必要的增溶、脱附方式;异位化学还原技术不适用于石油烃污染物的处理。

(5)原理:向污染土壤中添加氧化剂或还原剂,通过氧化或还原作用,使土壤中的污染物转化为无毒或毒性较小的物质。常见的氧化剂包括高锰酸盐、过氧化氢、芬顿试剂、过硫酸盐和臭氧。常见的还原剂包括连二亚硫酸钠、亚硫酸氢钠、硫酸亚铁、多硫化钙、二价铁、零价铁等。

4.2.2.2　技术实施过程

技术实施过程包括主要实施过程、运行维护和监测、修复周期及参考成本估算等相关方面。

1)主要实施过程

主要实施过程包括污染土壤清挖;将污染土壤破碎、筛分,筛除建筑垃圾及其他杂物;药剂喷洒;通过多次搅拌将修复药剂与污染土壤充分混合,使修复药剂与目标污染物充分接触;监测、调节污染土壤反应条件,直至自检结果显示目标污染物浓度满足修复目标要求;通过验收的修复土壤按设计要求合理处置。

2)运行维护和监测

异位化学氧化/还原技术所需要的工程维护工作较少,如采用碱激活过硫酸盐氧化时需要监测并维持一定的 pH 值,采用厌氧生物化学还原技术时要注意维持一定的含水率以保证系统的厌氧状态。使用氧化剂时要根据氧化剂的性质,按照规定进行存储和使用,避免出现危险。

异位化学氧化/还原反应进行过程中,应监测污染物浓度变化,判断反应效果。通过监测残余药剂含量、中间产物含量、氧化还原电位、pH 值及含水率等参数,根据数据变化规律判断反应条件并及时加以调节,保证反应效果,直至修复完成。

3) 修复周期及参考成本估算

异位化学氧化/还原技术的处理周期与污染物初始浓度、修复药剂与目标污染物反应机理有关。化学氧化/还原修复的周期较短,一般可以在数周到数月内完成。在国外,处理成本为 200~660 美元/米³;在国内,一般为 500~1 500 元/米³。

4.2.2.3 应用案例

异位氧化/还原处理技术反应周期短、修复效果可靠,在国外已经形成了较完善的技术体系,应用广泛。

1) 国外应用情况

据美国超级基金统计,2005—2018 年应用异位化学氧化/还原技术的案例约占修复工程案例总数的 8.1%。国外典型的应用案例列于表 4-3 中。

表 4-3　异位化学氧化/还原技术国外应用案例

序号	场地名称	修复药剂	目标污染物	规　模
1	美国明尼苏达州某木材制造厂	芬顿试剂和活化过硫酸盐	五氯苯酚	656 t
2	韩国光州某军事基地燃料存储区	过氧化氢	石油烃	930 m³
3	美国马里兰州某赛车场地	某 k 药剂	苯系物、甲基萘	662 m³
4	加拿大亚伯达某废气管道场地	过氧化氢	苯系物	8 800 m³
5	美国亚拉巴马州某场地	某 D 药剂(强还原性铁矿物质+缓释碳源)	毒杀芬(toxaphene)、滴滴涕(DDT)、DDD 和 DDE	4 500 t
6	美国犹他州图埃勒县军方油库	某 D 药剂(强还原性铁矿物质+缓释碳源)	三硝基甲苯、环三亚甲基三硝胺	7 645 m³

2) 国内应用情况

异位氧化/还原技术在国内发展较快,2011 年之后开始在一些工程项目上应用。以下以北京建工环境修复股份有限公司提供的案例——华中某有机氯农药污染场地治理工程项目作为典型案例进行分析。

(1) 工程背景　项目场地原为农药厂,20 世纪 60 年代开始生产有机氯农药六六六和滴滴涕,后来也生产其他农药。农药厂关闭后经过场地污染调查与健康风险评价,六六六和滴滴涕的修复目标值分别是 2.1 mg/kg 和 37.8 mg/kg。该场地大部分污染土壤外运到水泥厂进行水泥窑焚烧处理,部分低浓度(六六六和滴滴涕浓度均低于 50 mg/kg)污染土壤采用生物化学还原-好氧生物降解联合修复技术。施工工期为两年。

(2)工程规模　该场地工程规模为 296 800 m³,其中采用生物化学还原-好氧生物降解联合修复的土壤有 80 000 m³。

(3)主要污染物及污染程度　主要污染物为六六六和滴滴涕,两者最高浓度分别达 4 000 mg/kg 和 20 000 mg/kg。

(4)土壤理化特征　土壤质地类型主要为建筑杂填土和粉质黏土,建筑杂填土集中在 0~2 m 土层,污染粉质黏土最深达 9 m。

(5)技术选择　有机氯农药污染土壤治理可采用土壤洗脱技术、热脱附修复技术、水泥窑协同处置技术和化学还原-生物氧化联合修复技术等。由于洗脱技术对土壤的质地有一定要求,因此本项目未采用。热脱附修复技术需要较大的设备投入,并且在高含水率情况下运行费用高,因此本项目未选用。场地附近有大型水泥厂,且经过改造具备协同处理危险废物的能力,因此对于高浓度污染土壤采用水泥窑焚烧处理的方式。对于部分低浓度污染土壤,采用某 D 药剂(主要成分为强还原性铁矿物质和缓释碳源)的生物化学还原-好氧生物降解联合修复技术,该技术对环境友好、无毒、节能,并且修复成本相对较低。

(6)工艺流程　在项目施工准备阶段对治理的污染土壤范围进行测量放线,建设药剂修复污染土壤车间,对污染土壤进行开挖与破碎筛分,去除大块建筑垃圾等杂物;将筛分后的污染土壤运输到车间堆置;在车间内的污染土壤中添加药剂,旋耕搅拌、加水厌氧处理 5 天,再旋耕、好氧处理 3 天,如此循环处理 3 个周期;对处理后的土壤先进行验收采样,检测合格并经监理确认后,出土才可以在待检场堆放;如果出土检测不合格则继续加药周期处理,直到检测合格为止;污染土壤全部处理后进行竣工验收。

(7)关键设备及参数　修复车间内,污染土壤在车间的堆高为 60 cm,以利于旋耕搅拌与加水厌氧;根据试验,药剂每周期添加 1%;添加药剂后要加水至土壤饱和,保证进行厌氧反应 5 天;厌氧反应后需进行好氧反应 3 天,每天要旋耕搅拌两个来回;处理 3 个周期后采样自检,自检合格后把土壤堆放到待检场。主要设备有液压驱动筛分斗、旋耕机。

(8)成本分析　生物化学还原-生物氧化联合修复技术涉及的成本主要包括修复车间建设费、土方工程费、药剂费、人工机械费、旋耕费和采样检测费等,污染土壤的处理成本约为 700 元/米³。

(9)修复效果　修复 3 个周期后有机氯农药浓度降低到修复目标值以下,少量污染物浓度稍高的土壤在药剂处理 5 个周期后达标[4]。

4.2.3　异位热脱附技术

自 1985 年美国 EPA 首次将异位热脱附技术采纳为一项可行的土壤环境修复技术起即被广泛应用于国外处理挥发性和半挥发性有机物污染的土壤、污泥、沉淀物、滤渣等。

4.2.3.1　基本概念及适用性

（1）技术名称：异位热脱附（ex-situ thermal desorption）。

（2）适用的介质：污染土壤。

（3）可处理的污染物类型：挥发及半挥发性有机污染物（如石油烃、农药、多环芳烃、多氯联苯）和汞。

（4）应用限制条件：不适用于无机物污染土壤（汞除外），也不适用于腐蚀性有机物、活性氧化剂和还原剂含量较高的土壤。

（5）原理：在真空条件下或通入载气时，通过直接或间接加热，将污染土壤加热至目标污染物的沸点以上，通过控制系统温度和物料停留时间有选择地促使污染物气化挥发，使目标污染物与土壤颗粒分离，从而得到去除。

4.2.3.2　技术实施过程

技术实施过程包括主要实施过程、运行维护和监测、修复周期及参考成本估算等相关方面。

1）主要实施过程

主要实施过程包括土壤挖掘、土壤预处理、土壤热脱附处理、收集气体等步骤，具体如下。

（1）土壤挖掘：对地下水位较高的场地，挖掘时需要降水使土壤湿度符合处理要求。

（2）土壤预处理：对挖掘后的土壤进行适当的预处理，例如筛分、调节土壤含水率、磁选等。

（3）土壤热脱附处理：根据目标污染物的特性，调节合适的运行参数（脱附温度、停留时间等），使污染物与土壤分离。

（4）收集气体：收集脱附过程产生的气体，通过尾气处理系统对气体进行处理，达标后排放。

2）运行维护和监测

系统中热脱附的炉体、燃烧腔体、烟气管道、急冷和中和装置、布袋除尘器及引风机等主要设备应作为维护的重点部位。设备系统应建立大修制度，大修周期应按系统设备的实际运行时间确定，一般大修周期不应超过 1 年。

热脱附装置自动化程度高，一般采用 PLC 系统（程序逻辑控制系统）对污染土壤进出料和热脱附过程等进行控制,对如进料速率、供油速度、加热温度、氧气含量、CO 浓度、CO_2 浓度及停留时间等重要参数进行监控。

3) 修复周期及参考成本估算

异位热脱附技术的处理周期可能为几周到几年,实际周期取决于以下因素:① 污染土壤的体积;② 污染土壤及污染物性质;③ 设备的处理能力。一般单台处理设备的能力为 3~200 t/h,直接热脱附设备的处理能力较大,一般为 20~160 t/h;间接热脱附设备的处理能力相对较小,一般为 3~20 t/h。

影响异位热脱附技术处置费用的因素有:① 处置规模;② 进料含水率;③ 燃料类型、土壤性质、污染物浓度等。国外中小型场地(2 万吨以下,约合 26 800 m³)的处理成本为 100~300 美元/米³,大型场地(大于 2 万吨,约合 26 800 m³)的处理成本约为 50 美元/米³。根据国内生产运行统计数据,污染土壤热脱附处置费用为600~2 000 元/吨。

4.2.3.3　应用案例

热脱附技术在国外始于 20 世纪 70 年代,广泛应用于工程实践,技术较为成熟。

1) 国外应用情况

在 1982—2004 年期间,约有 70 个美国超级基金项目采用异位热脱附作为主要的修复技术。部分国外应用案例信息列于表 4-4 中。

表 4-4　异位热脱附技术国外应用案例

序号	场 地 名 称	目标污染物	规 模
1	美国新泽西州工业乳胶超级基金场地	有机氯农药、PCBs、PAHs	41 045 m³
2	美国华盛顿超级基金场地	农药、氯丹、DDT、DDE	10 391 m³
3	美国佛罗里达州海军航空站塞西基地	石油烃和氯代溶液	11 768 t
4	美国路易斯安那州某杂酚油生产厂	多环芳烃类污染物	129 000 m³
5	美国西部某农药厂	汞	26 000 t

2) 国内应用情况

我国对异位热脱附技术的应用处于起步阶段,已有少量应用案例。国内案例介绍如下。

(1) 工程背景　某两个退役化工厂曾大规模生产农药、氯碱、精细化工、高分子材料等近百个品种。经场地调查与风险评估发现,两个厂区内土壤及厂区毗邻河道底泥均受到以 VOCs 和 SVOCs 为主的复合有机物污染,开发前须进行修复。

(2) 工程规模:120 000 m³。

(3) 主要污染物及污染程度　主要污染物为卤代 VOCs、BTEX、有机磷农药、多环芳烃等。其中二甲苯最高浓度为 2 344 mg/kg,修复目标值为 6.99 mg/kg;毒死蜱(氯吡硫磷)最高浓度为 29 600 mg/kg,修复目标值为 46 mg/kg。

(4) 土壤理化特征　现场调查结果显示,污染土壤主要为粉土、淤泥质粉质黏土和粉砂,含水率为 25%~35%。

(5) 技术选择　综合以上污染物特性、污染物浓度、土壤特征以及项目开发建设需求,决定利用异位热脱附技术进行处理,因为该技术对污染物的去除效率可达99.99%,适合处理本项目中的 VOCs、SVOCs 复合污染土壤。

(6) 工艺流程　污染土挖掘(活性炭吸附 VOCs)—土壤预处理—回转窑加热系统—尾气处理系统—对处理后的土壤进行现场分析、实验室检测分析—运出场外堆置。

(7) 主要工艺及设备参数　在污染土壤进料阶段,将污染土壤转运至贮存车间内的预处理区域,粒径小于 50 mm 的土块直接送入回转窑,超规格的土块经过破碎后再次返回振荡筛进行筛分。在回转窑加热阶段,将污染土壤均匀加热到设定温度(300~500℃),并按照设定速率向窑尾输送,在此期间土壤中的污染物充分气化挥发。在尾气处理阶段,尾气处理系统包括二燃室、急冷塔、布袋除尘器和酸性气体洗涤塔等。烟囱上装有烟气实时在线监测装置,经过处理后的尾气达标后才可排放。

(8) 成本分析　本项目实际工程中热脱附部分费用包括人工费、挖运费、设备折旧费、设备运输和安装/拆除费、燃料费、动力费、检修及维护费等,约为 1 000 元/米³。

(9) 修复效果　已处理污染土壤 10 000 t,处理后污染土壤浓度达到修复目标[5]。

4.2.4　异位土壤洗脱技术

洗脱技术作为我国当前重点支持发展的土壤修复技术之一,有着十分广阔的应用前景。该技术可用于重金属污染土壤以及多环芳烃、多氯联苯、有机氯农药等持久性有机物污染土壤的修复治理。

4.2.4.1　基本概念及适用性

(1) 技术名称:异位土壤洗脱、异位土壤淋洗(ex-situ soil washing)。

(2) 适用的介质:污染土壤。

(3) 可处理的污染物类型:重金属及半挥发性有机污染物、难挥发性有机污染物。

(4) 应用限制条件:不适合于土壤细粒(黏/粉粒)含量高于 25% 的土壤;处理含挥发性有机物污染土壤时,应采用合适的气体收集处理设施。

(5) 原理:污染物主要集中分布于较小的土壤颗粒上,异位土壤洗脱采用物理分离或增效洗脱等手段,通过添加水或合适的增效剂,分离重污染土壤组分或使污染物从土壤相转移到液相。洗脱处理可以有效地减少污染土壤的处理量,实现减量化。

4.2.4.2　技术实施过程

技术实施过程包括主要实施过程、运行维护和监测、修复周期及参考成本估算等相关方面。

1) 主要实施过程

图 4-2 为异位土壤洗脱技术的工艺流程图。该增效洗脱土壤修复系统总体处理能力为 50 t/d。筛分系统设计处理能力为 10 t/h。增效洗脱装置单体容积为 12 m³。增效洗脱液固比为 3∶1 至 4∶1,洗脱时间为 2 小时。系统设备的电耗约为 36 kWh/m³。增效剂表面活性剂和废水处理药剂、絮凝剂等的成本约为 240 元/米³。

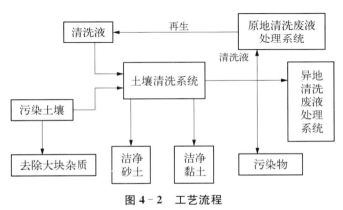

图 4-2　工艺流程

2) 运行维护和监测

异位土壤洗脱系统的运行可通过自动控制系统控制,操作简单,效果稳定。相关技术人员须定期对各单元设备进行维护和检修以保证系统正常运行,并且实时观测运行过程中的设备负荷、运行功率、运行状态等,检查设备是否有漏液、漏料、堵料等异常状况。

运行过程中应根据实际工程处理进度,定期采集处理前后各土壤组分样品、水样进行分析监测,若土壤涉及挥发性有机物污染还需定期检测气体收集单元和气体处理单元的尾气。

3) 修复周期及参考成本估算

处理周期一般为 3～12 个月。异位土壤洗脱修复的周期和成本因土壤类型、污染物类型、修复目标不同而有较大差异,与工程规模以及设备处理能力等因素也相关,一般需通过试验确定。据不完全统计,在美国应用的成本为 53～420 美元/米³,在欧洲的应用成本为 15～456 欧元/米³,平均为 116 欧元/米³。国内的工程应用成本为 600～3 000 元/米³。

4.2.4.3 应用案例

污染土壤异位洗脱修复技术在加拿大、美国、欧洲及日本等已有较多的应用案例,目前已应用于石油烃类、农药类、POPs 类、重金属等多种污染地。

1) 国外应用情况

修复污染土壤的成功先例是美国马萨诸塞州 Monsanto 地区 34 公顷棕色田地的土壤洗脱工程。该地块受到萘、2-乙基己磷酸二酯、砷、铅和锌污染,技术人员在该地搭建了处理能力为 15 t/h 的清洗工厂,对该地进行了长达 6 个月的异位土壤洗脱修复。该工程首先将待处理的土壤分成含有美国马萨诸塞州规定的《河岸地区保护法》中的污染物的土壤、粒径大于 2 mm 的土壤和粒径小于 2 mm 的土壤,再将湿泥浆通过剧烈水力分离单元分成粗粒级和细粒级。粗粒级土壤检验合格后可作为清洁土壤回填,而细粒级土壤则需要使用生物泥浆反应器进一步修复。该工程共修复土壤 9 600 t,污染物去除率达 93%,土壤清洗和生物修复总费用为 90 万美元[6]。

2) 国内应用情况

有机氯农药厂的污染处理案例分析如下。

(1) 工程背景 位于某有机氯农药厂内,该农药企业有 40 多年的生产历史,关闭后该地块规划为城市建设用地。

(2) 工程规模:1 000 m^3。

(3) 主要污染物及污染程度 污染物为六六六和滴滴涕;经检测分析,杂填层的六六六初始浓度为 4.52~46.4 mg/kg,滴滴涕初始浓度为 9.81~33.2 mg/kg。六六六和滴滴涕属于有机氯农药,疏水性强,溶解度低,在环境中持久存在,难以通过生物和化学方式降解。

(4) 土壤理化特征 处理土壤主要为杂填层,碎石、石砾等粗粒(2~10 mm)含量在 58% 左右,砂粒(0.3~2 mm)含量接近 25%,细粒(小于 0.3 mm)在 17% 左右。

(5) 技术选择 用异位土壤洗脱技术对场地杂填土进行处理。

(6) 主要工艺及设备参数 首先是污染土壤的搬运、初级破碎、湿法振动筛分,其次通过皮带输送带,将粗料送入滚筒洗石机,再将砂粒送入螺旋洗砂机,然后分别堆放。暂存池中泥浆通过管道输入高频振动筛,对泥浆进行二次筛分处理,进一步将细粒进行减量化,粒径大于 0.3 mm 的细砂进入螺旋洗砂机处理,粒径小于 0.3 mm 的黏粒泥浆通过管道输送到增效淋洗装置。增效淋洗处理后进行泥液分离,废水经过多级物化处理后,去除有毒有害物质,最后进入回用水箱。增效剂大部分留在溶液中,可以回用到增效淋洗系统。

(7) 成本分析 设备运行成本约为 300 元/米³,运行过程中能耗为系统设备的电耗,约为 36 kWh/m³;主要物耗为增效剂、表面活性剂和废水处理药剂、絮凝剂等,成本约为 240 元/米³。

（8）修复效果　水洗和增效淋洗处理后，总体上物料的六六六去除率为 88.5％，滴滴涕去除率为 85.8％，达到了去除率 85％以上的修复目标要求，通过了工程项目验收。

4.3　土壤原位处理技术

土壤原位修复技术主要有原位淋洗、气相抽提（SVE）、多相抽提（MPVE）、气相喷射（IAS）、生物降解、原位化学氧化（ISCO）、原位化学还原、污染物固定、植物修复等。土壤原位修复需要因地制宜，灵活结合工期、污染情况、地质条件、地面设施等，得出最经济实用的修复方法，并在辅助提高技术上展开更多研究，使原位修复技术更经济有效。

4.3.1　原位固化/稳定化技术

原位固化/稳定化是比较成熟的废物处置技术，经过几十年的研究，已成功应用于污染土壤、放射性废物、底泥和工业污泥的无害化和资源化处理。与其他技术相比，该技术对于大多数无机污染物以及一些有机污染物都具有显著的修复效果，在顽固型及混合型污染场地的修复中具有明显的优势，处理时间短，适用范围广，装置及材料简单易得。

4.3.1.1　基本概念及适用性

（1）技术名称：原位固化/稳定化（in-situ solidification/stabilization）。

（2）适用的介质：污染土壤。

（3）可处理的污染物类型：金属类、石棉、放射性物质、腐蚀性无机物、氰化物以及砷化合物等无机物；农药/除草剂、石油或多环芳烃类、多氯联苯类以及二噁英等有机化合物。

（4）应用限制条件：该技术不宜用于挥发性有机化合物，不适用于以污染物总量为验收目标的项目。

（5）原理：原位固化/稳定化技术不需要对污染土壤进行搬运，节省了运输费用，减小了土壤污染物挥发的可能性。通过一定的机械力在原位向污染介质中添加固化剂/稳定化剂，在充分混合的基础上，使其与污染介质、污染物发生物理、化学作用，将污染介质固封在结构完整的具有低渗透系数的固态材料中，或将污染物转化成化学性质不活泼形态，降低污染物在环境中的迁移和扩散。如果污染土壤在挖掘铲能够达到的深度时，就可以采用这种方法[7]。

4.3.1.2　技术实施过程

技术实施过程包括主要实施过程、运行维护和监测、修复周期及参考成本估算等相关方面。

1) 主要实施过程

首先基于修复目标建立修复材料的性能参数,进行实验室可行性分析,确定固化剂、添加剂和水的最佳混合配料比。然后进行场地试验,进一步优化实施技术,建立运行性能参数。最后,实施修复工程,并对修复过程实施后的材料性能进行长期监控与监测。实施过程具体包括以下内容。

(1) 针对污染场地情况选择回转式混合机、挖掘机、螺旋钻等钻探装置对深层污染介质进行深翻搅动,并在机械装置上方安装灌浆喷射装置。

(2) 通过液压驱动、液压控制将药剂直接输送到喷射装置,运用搅拌头螺旋搅拌过程中形成的负压空间或液压驱动将粉体或泥浆状药剂喷入污染介质中,或使用高压灌浆管来迫使药剂进入污染介质孔隙中。通过安装在输料系统阀端的流量计检测固化剂的输入速度、掺入量,使其按照预定的比例与污染介质以及污染物进行混合。

(3) 对于固化/稳定化处理过程中释放的气体,通过收集罩输送至处理系统进行无害化处理。

(4) 选择不同的采样工具对不同深度和位置的修复后样品进行取样分析。

(5) 布置长期稳定性监测网络,定期对系统的稳定性和浸出性(地下水)进行监测。

2) 运行维护和监测

修复实施过程质量控制的主要内容如下:① 确保药剂添加比例与实验室及中试阶段所验证比例的一致性;② 确保药剂与污染介质的充分混合;③ 对处理后的材料进行取样分析以验证其是否符合固化/稳定化修复性能指标;④ 核实处理后的体积。

实施监测的主要内容如下:① 地下水是否渗透进入固化材料中;② 所有样品是否超过土壤修复标准;③ 固化体是否发生物理或化学退化;④ 通过地下水监测判断是否发生污染物浸出;⑤ 利用监测模型评估未来浸出的可能性。

3) 修复周期及参考成本估算

处理周期一般为 3~6 个月。具体应视修复目标值、工程大小、待处理土壤体积、污染物化学性质及其浓度分布情况、地下土壤特性等因素而定。美国 EPA 数据显示,应用于浅层污染介质的修复成本为 50~80 美元/米³,深层修复的成本为 195~330 美元/米³。

4.3.1.3 应用案例

原位技术不需要对污染土壤进行搬运,节省了运输费用,减小了有机污染物挥发的可能性。此外,原位固化/稳定化也成功应用到了棕地污染修复中[2]。

1）国外应用情况

美、英等国家率先开展了污染土壤的固化/稳定化研究，并制定了相应的技术导则。据美国 EPA 统计，2005—2008 年应用该技术的案例占修复工程案例的7%。表 4-5 中列出了原位固化/稳定化技术在国外的典型应用案例。

表 4-5　原位固化/稳定化技术国外应用案例

序号	场 地 名 称	目标污染物	规 模
1	美国阿肯色州某填埋场	PAHs、PCBs、Pb（铅）	121 405.6 m²
2	美国哥伦布天然气厂场地	PAHs、BTEX（苯、甲苯、乙苯、二甲苯）、氰化物	无数据
3	美国北卡罗来纳州超级基金场地	PAHs、DNAPL（高密度非水相液体）	7 436.1 m²
4	美国新泽西州某木材处理棕地	砷、木材防腐剂（creosote）	72 843.4 m²

2）国内应用分析

固化/稳定化技术的应用包括污水厂污泥深度处理、污泥坑或污泥堆场修复、河道清淤淤泥处理等。目前该技术用于污水处理厂污泥深度处理已经得到了广泛应用[8]。某填埋场污泥堆场修复项目的介绍如下。

（1）处理量：超过 30 万吨。

（2）现场情况：坑内污泥都未经处理，天晴散发臭气，雨天污水横流。大片的污泥池占去大量垃圾填埋空间，这样大片的污泥坑也就成了死亡之地，没有任何动植物生息，更不利于人类踏入，造成了极大的安全隐患。

（3）处理工艺：原位固化/稳定化与异地填埋相结合。

（4）总投资：1 亿（含设施投入和运行费用）。

该场地修复过程和修复后的情况如图 4-3 至图 4-5 所示。

图 4-3　污泥坑固化/稳定化现场

图 4-4　固化/稳定化后的实际效果　　　图 4-5　修复后场地用于绿化复用

4.3.2　原位化学氧化/还原技术

原位化学氧化/还原技术以其对有毒有害污染物的高效处理和具有反应时间短、操作简单等优势,应用越来越广泛。

4.3.2.1　基本概念及适用性

(1) 技术名称:原位化学氧化/还原(in-situ chemical oxidation & reduction)。

(2) 适用的介质:污染土壤和地下水。

(3) 可处理的污染物类型:化学氧化可以处理石油烃、BTEX(包括苯、甲苯、乙苯、二甲苯)、酚类、MTBE(甲基叔丁基醚)、含氯有机溶剂、多环芳烃、农药等大部分有机物;化学还原可以处理重金属类(如六价铬)和氯代有机物等。

(4) 应用限制条件:土壤中存在腐殖酸、还原性金属等物质,会消耗大量氧化剂;在渗透性较差的区域(如黏土),药剂传输速率可能较慢;化学氧化/还原过程可能会引起产热、产气等不利影响。同时,化学氧化/还原反应受 pH 值影响较大。

(5) 原理:向土壤或地下水的污染区域注入氧化剂或还原剂,通过氧化或还原作用,使土壤或地下水中的污染物转化为无毒或毒性相对较小的物质。常见的氧化剂和还原剂与 4.3.2.1 节所述一致。

4.3.2.2　技术实施过程

技术实施过程包括主要实施过程、运行维护和监测、修复周期及参考成本估算等相关方面。

1) 主要实施过程

主要实施过程具体包括以下 3 点。

(1) 处理系统建设:依据现场中试试验确定的注入井位置和数量,建立原位化学氧化或还原处理系统。

(2) 药剂注入过程:依据前期实验确定的药剂对污染物的降解效果,选择适用的药剂。再结合中试试验,确定注入浓度、注入量和注入速率,实时监测药剂注入过程中的温度和压力变化。药剂注入时需要通过药剂搅拌系统对土壤进行充分混合。

(3) 进行污染土壤和地下水原位化学氧化/还原的修复过程监测以及修复后的监测。主要包括对污染物浓度、pH 值、氧化还原电位等参数进行监测。如果污染物浓度出现反弹,可能需要进行补充注入。

2) 运行维护和监测

原位化学氧化/还原修复技术的运行维护相对简单,运行过程中需对药剂注入系统以及注入井和监测井进行相应的运行维护。

监测包括修复过程监测和效果监测。修复过程监测通常在药剂注射前、注射中和注射后很短时间内进行,监测参数包括药剂浓度、温度和压力等。若修复过程中产生大量气体或场地正在使用,则可能还需要对挥发性有机污染物浓度、爆炸下限(lower explosive limit,LEL)等参数进行监控。效果监测的主要目的是依据修复前的背景条件,确认污染物的去除、释放和迁移情况,监测参数为污染物浓度、副产物浓度、金属浓度、pH 值、氧化还原电位和溶解氧浓度。若监测结果显示污染物浓度上升,则说明场地中存在未处理的污染物,需要进行补充注入。

3) 修复周期及参考成本估算

该技术处理周期与污染物特性、污染土壤及地下水的埋深和分布范围极为相关。使用该技术清理污染源区的速度相对较快,通常需要 3~24 个月。修复地下水污染羽流区域通常需要更长的时间。

其处理成本与特征污染物、渗透系数、药剂注入影响半径、修复目标和工程规模等因素相关,主要包括注入井/监测井的建造费用、药剂费用、样品检测费用以及其他配套费用。美国使用该技术修复地下水的成本约为 123 美元/米^3。

4.3.2.3　应用案例

在众多土壤修复技术中,该技术因其投资少、见效快、易于操作等优点,越来越多地受到人们的关注。

1) 国外应用情况

原位化学氧化/还原技术在国外已经形成了较完善的技术体系,应用广泛。应用案例如表 4-6 所示。

2) 国内应用分析

该技术在国内发展较快,已有工程应用。国内案例介绍如下[9]。

(1) 工程背景　某原农药生产场地,场地调查与风险评估发现场地中部分区域存在土壤或地下水污染,主要污染物为邻甲苯胺、对氯甲苯、1,2-二氯乙烷,需要进行修复。

表 4-6 原位化学氧化/还原技术国外应用案例

序号	场地名称	目标污染物	规模	污染介质	氧化剂/还原剂
1	美国罗得岛州 Peterson/Puritan 公司	砷	—	地下水	溶解氧
2	美国华盛顿州某重金属污染场地	Cr^{6+}(六价铬)	16 000 m^3	土壤	硫基专利还原剂
3	荷兰某金属处理公司	三氯乙烯、二氯乙烯	—	土壤	芬顿试剂臭氧/过氧化物
4	美国丹佛市某制造厂	苯系物	900 m^2	地下水	过氧化氢
5	加拿大安大略省某军事基地	三氯乙烯、四氯乙烯	2 500 m^2	地下水	高锰酸钾

(2)工程规模 土壤污染量约为 25 000 m^3,地下水污染面积约为 6 000 m^2,深度为 18 m。

(3)主要污染物及污染程度 根据场地调查数据,土壤中的主要污染物为邻甲苯胺、对氯甲苯、1,2-二氯乙烷,最大污染浓度分别为 10.6 mg/kg、36 mg/kg、8.9 mg/kg。地下水中的主要污染物为邻甲苯胺、1,2-二氯乙烷,最大污染浓度分别为 1.27 mg/kg、2 mg/kg。土壤的修复目标值为邻甲苯胺 0.7 mg/kg,对氯甲苯 6.5 mg/kg,1,2-二氯乙烷 1.7 mg/kg。

(4)技术选择 综合场地污染物特性、污染物浓度及土壤特征以及项目开发需求,选定原位化学氧化技术进行非挖掘区地下水污染治理。

(5)工艺流程和关键设备 地下水原位化学氧化现场处置工艺具体步骤为:测定地下水污染物浓度和 pH 值等参数作为污染本底值;进行系统设计,建设注射井、降水井及监测井;配置适当浓度的药剂溶液,向污染区域进行注射;药剂注射完成一段时间后,采样观察地下水气味和颜色变化情况,并对地下水污染物浓度进行过程监测;连续监测达标区域停止药剂注射,对于污染物浓度检出较高或颜色明显异常、异味较重的区域,则增加药剂注射量或加布注射井,直至达到修复标准。

(6)成本分析 该地下水原位化学氧化处置项目的投资、运行和管理费用为 2 000~2 500 元/米^2(深度约为 18m),合 110~150 元/米^3,其运行过程中的主要能耗为离心泵的电耗,约为 1.5 kWh/m^3。

(7)修复效果 修复后地下水中邻甲苯胺和 1,2-二氯乙烷浓度分别低于修复目标值,满足修复要求并通过环保局的修复验收。

4.3.3 原位生物通风技术

生物通风(bioventing,BV)是原位生物修复的一种方式。在这些受污染地区,土壤中的有机污染物会降低土壤中的氧气浓度,增加二氧化碳浓度,进而抑制污染物进一步生物降解。因此,为了提高土壤中的污染物降解效果,需要排出土壤中的二氧化碳并补充氧气,生物通风系统就是为改变土壤中气体成分而设计的。生物通风把土壤气相抽提法(SVE)和生物降解结合起来,是一种强迫氧化降解方法。

4.3.3.1　基本概念及适用性

(1) 技术名称:原位生物通风(in - situ bioventing)。

(2) 适用的介质:非饱和带污染土壤。

(3) 可处理的污染物类型:挥发性、半挥发性有机物。

(4) 应用限制条件:不适用于重金属、难降解有机物污染土壤的修复,不宜用于黏土等渗透系数较小的污染土壤的修复。

(5) 原理:生物通风法由土壤气相抽提法发展而来,在需要治理的土壤中至少打两口井,安装鼓风机和抽真空机,将空气(空气中加入氮、磷等营养元素,为土壤的降解菌提供营养物质)强行排入土壤中,依靠微生物的好氧活动,使得受污染土壤中的有机物挥发速率和生物降解速率都有可能增加,然后利用土壤中的压力梯度促使挥发性有机物及降解产物流向抽气井,抽出土壤中的气体,挥发性毒物也随之去除。

4.3.3.2　技术实施过程

技术实施过程包括主要实施过程、运行维护和监测、修复周期及参考成本估算等相关方面。

1) 主要实施过程

在需要修复的污染土壤中设置注射井及抽提井,安装鼓风机/真空泵,将空气从注射井注入土壤中,从抽提井抽出。大部分低沸点、易挥发的有机物直接随空气一起抽出,而高沸点、不易挥发的有机物在微生物的作用下,可以分解为 CO_2 和 H_2O。在抽提过程中注入的空气及营养物质有助于提高微生物活性,降解不易挥发的有机污染物(如原油中沸点高、分子量大的组分)。定期采集土壤样品对目标污染物的浓度进行分析,掌握污染物的去除速率。

2) 运行维护和监测

生物通风技术的运行维护较简单,运行过程中需对鼓风机、真空泵、管道阀门进行相应的运行维护。同时,为了解土壤中污染物的去除速率及微生物的生长环境,运行过程中需定期对土壤氧气含量、含水率、营养物质含量、土壤中污染物浓度、土壤中微生物数量等指标进行监测。同时,为避免二次污染,应对尾气处理设施的效果进行定期监测,以便及时采取相应的应对措施。

3) 修复周期及参考成本估算

生物通风技术的处理周期与污染物的生物可降解性相关,一般处理周期为

6～24个月。其处理成本(包括通风系统、营养水分调配系统、在线监测系统)与工程规模等因素相关,根据国外相关场地的处理经验,处理成本为 13～27 美元/米^3,土壤处理量为 10 000 cy,约合 7 646 m^3。

4.3.3.3 应用案例

生物通风技术可以修复的污染物范围广泛,修复成本相对低廉,尤其对修复成品油污染土壤非常有效,包括汽油、喷气式燃料油、煤油和柴油等污染土壤的修复。

1) 国外应用情况

国外部分应用案例信息如表 4-7 所示。

表 4-7　生物通风技术国外应用案例

序号	场 地 名 称	目标污染物	规 模
1	美国犹他州空军基地	90 吨航空燃料油	30 000 m^3
2	美国内布拉斯加州油泄露场地	柴油	11 500 m^3
3	美国能源部的萨凡纳河场地	氯代脂肪烃	不详
4	美国空军部下属 50 个空军基地共 142 个场地	石油烃	不详

2) 国内应用分析

中国于 20 世纪 90 年代中期才开始对生物通风法进行逐步研究,其研究和应用刚刚起步,该技术在国内的实际修复工程示范极少,尚处于中试阶段,缺乏工程应用经验和范例。

以某污染场地多环芳烃污染土壤为例,现场建立处理能力为 500 m^3 工业化规模的生物通风堆体对多环芳烃污染土壤进行为期 5 个月的修复,运行过程中控制土壤 C∶N∶P=25∶10∶10、水分占 10%～20%(质量百分比)、堆内氧气不低于 10%(体积百分比);系统连续运行时,土壤堆体 O_2 和大气中 O_2 含量基本一致,说明氧气供应充分;土壤堆体 CO_2 浓度明显高于大气中 CO_2 浓度,说明微生物好氧降解活动明显;多环芳烃的降解主要出现在前 3 个月,使所关注的污染物浓度降到相应的修复目标值以下,能够满足修复要求[10]。

4.4　其他土壤修复技术

常用的土壤修复技术非常多,但目前没有一种修复技术可以针对所有的污染土壤[11]。不同的土壤性质、不同的修复要求都会限制一些修复技术的使用。另外,大多数修复技术或多或少会对土壤产生一些副作用。在具体应用时,一定要因地制宜,通过技术和经济比较,必要时经过中试验证,选择符合项目实际情况的适宜土壤修复技术。水泥窑协同处置技术、土壤植物修复技术、土壤阻隔填埋技术、生物堆技术、多相抽提技术在国内外已经得到广泛应用,本章将详细介绍这些土壤修复技术的基本原理及适用性。

4.4.1　水泥窑协同处置技术

水泥窑是发达国家焚烧处理工业危险废物的重要设施,已得到了广泛应用,即使是难降解的有机废物(包括 POPs),在水泥窑内的焚毁去除率也可达 99.99% 到 99.9999%。

4.4.1.1　基本概念及适用性

(1)技术名称:水泥窑协同处置(co-processing in cement kiln)。

(2)适用的介质:污染土壤。

(3)可处理的污染物类型:有机污染物及重金属。

(4)应用限制条件:不宜用于汞、铅等重金属污染较重的土壤;由于水泥生产对进料中氯、硫等元素的含量有限值要求,在使用该技术时需慎重确定污染土壤的添加量。

(5)原理:利用水泥回转窑内的高温、气体长时间停留、热容量大、热稳定性好、碱性环境、无废渣排放等特点,在生产水泥熟料的同时焚烧固化处理污染土壤。有机物污染土壤从窑尾烟气室进入水泥回转窑,窑内气相温度最高可达 $1\,800℃$,物料温度约为 $1\,450℃$,在水泥窑的高温条件下,污染土壤中的有机污染物转化为无机化合物,高温气流与高细度、高浓度、高吸附性、高均匀性分布的碱性物料(CaO、$CaCO_3$ 等)充分接触,有效地抑制酸性物质的排放,使得硫和氯等元素转化成无机盐类固定下来;重金属污染土壤从生料配料系统进入水泥窑,使重金属固定在水泥熟料中。

4.4.1.2　技术实施过程

技术实施过程包括主要实施过程、运行维护和监测、修复周期及参考成本估算等相关方面。

1)主要实施过程

水泥窑直接焚烧处置技术的主要流程包括以下内容。

(1)将挖掘后的污染土壤在密闭环境下进行预处理(去除砖头、水泥块等影响工业窑炉工况的大颗粒物质)。

(2)对污染土壤进行检测,确定污染土壤的成分及污染物含量,计算污染土壤的添加量。

(3)用专门的运输车辆将污染土壤转运到喂料斗,为避免卸料时扬尘造成的二次污染,卸料区密封。

（4）计量后的污染土壤经提升机由管道进入喂料点，送入窑尾烟室高温段处置。

（5）定期监测水泥回转窑烟气排放口的污染物浓度及水泥熟料中的污染物含量。

2）运行维护和监测

因水泥窑协同处置是在水泥生产过程中进行的，协同处置不能影响水泥厂正常生产，不能影响水泥产品质量，不能对生产设备造成损坏，因此在水泥窑协同处置污染土壤的过程中，除了需按照新型干法回转窑的正常运行维护要求进行运行维护外，为了掌握污染土壤的处置效果及对水泥品质的影响，还需定期对水泥回转窑排放的尾气和水泥熟料中的特征污染物进行监测，并根据监测结果采取应对措施。

3）修复周期及参考成本估算

水泥窑协同处置技术的处理周期与水泥生产线的生产能力及污染土壤投加量相关，而污染土壤投加量又与土壤中污染物特性、污染程度、土壤特性等有关，一般通过计算确定污染土壤的添加量和处理周期，添加量一般低于水泥熟料量的4%。水泥窑协同处置污染土壤在国内的工程应用成本为 800～1 000 元/米³。

4.4.1.3　应用案例

在技术上，水泥窑协同处置完全可以用于污染土壤的处理，但由于国外其他污染土壤修复技术发展较成熟，综合社会、环境、经济等多方面考虑，国外水泥窑协同处置技术在污染土壤处理方面的应用相对较少。

1）国外应用情况

国外水泥窑协同处置技术在污染土壤修复方面的应用情况如表4－8所示[12]。

表 4－8　水泥窑协同处置技术国外应用案例

序号	场 地 名 称	目 标 污 染 物
1	美国得克萨斯州拉雷多市某土壤修复工程	PAHs
2	澳大利亚酸化土壤修复	多种有机污染物及重金属等
3	美国某环境研究计划（Dredging Operations and Environmental Research Program）	PAHs、PCBs
4	德国海德堡某场地修复	二噁英
5	斯里兰卡锡兰电力局土壤修复工程	PCBs

2）国内应用分析

污水处理厂污泥是污水处理后的产物，是一种由有机残片、细菌菌体、无机颗粒、胶体等组成的极其复杂的非均质体。污泥有机物含量高，易腐烂，有强烈的臭味,并且含有寄生虫卵、病原微生物和铜、锌、铬、汞等重金属以及盐类、多氯联苯、二噁英、放射性核素等难降解的有毒有害物质,若不加以妥善处理,任意排放,将会造成二次污染。

北京水泥厂污泥工程是利用水泥窑系统的热量将含水 80% 的污水处理厂污泥干化至含固率为 65% 的半干污泥,然后送入水泥窑焚烧处置。日处理湿污泥 500 吨,年处理 16 万吨。工程建设单位北京水泥厂位于北京市昌平区,2008 年 11 月 28 日开工,2009 年底建设完成,2010 年 6 月调试完成。

该工程干化技术属于间接干化工艺系统,采用从水泥窑系统取出的高温热源进行换热,热量通过热载体传给干燥设备进行污泥干化。

干燥后的颗粒和气体经过旋风分离器和布袋除尘后,颗粒从工艺气体中分离出来,经冷却螺旋冷却后污泥颗粒送入水泥窑中焚烧。干燥分离的蒸气经过离心机抽取循环后经过热交换器重新被加热返至干燥器的始端。

该工程解决了当时北京 25% 的污泥处置问题,净化了环境,节约了能源并且对污泥进行再利用,取得了良好的社会效益和环境效益[13]。

4.4.2　土壤植物修复技术

土壤植物修复技术具有彻底解决土壤污染、避免二次污染以及改良土壤等优势,作为一种环境友好、成本低廉的污染治理手段,应用前景广泛。

4.4.2.1　基本概念及适用性

(1) 技术名称:土壤植物修复(soil phytoremediation)。

(2) 适用的介质:污染土壤。

(3) 可处理的污染物类型:重金属(如镉、铅、镍、铜、锌、钴、锰、铬、汞等),以及特定的有机污染物(如石油烃、五氯苯酚、多环芳烃等)。

(4) 应用限制条件:不适用于未找到修复植物的重金属,也不适用于某些有机污染物(如六六六、滴滴涕等)污染土壤修复;植物生长受气候、土壤等条件影响,因此,该技术不适用于因污染物浓度过高或土壤理化性质严重破坏导致不适合修复植物生长的土壤。

(5) 原理:利用植物,通过提取、根际滤除、挥发和固定等方式移除、转变和破坏土壤中的污染物,使污染土壤恢复其正常功能。目前国内外对植物修复技术的研究和推广应用多数侧重于重金属元素,因此狭义的植物修复技术主要指利用植物清除污染土壤中的重金属[14]。

4.4.2.2　技术实施过程

技术实施过程包括主要实施过程、运行维护和监测、修复周期及参考成本估算等相关方面。

1) 主要实施过程

主要实施过程包括以下 6 个方面。

（1）对污染土壤进行调查与评价（包括污染土壤中重金属的含量与分布、土壤 pH 值、土壤有机质及养分含量、土壤含水率、土壤孔隙度、土壤颗粒均匀性等）。

（2）提出修复目标，制定修复计划。

（3）为了缩短修复周期，可采用洁净土稀释污染严重的土壤或将其转移至污染较轻的地方进行混合。

（4）选取合适的修复植物并育苗。

（5）污染场地田间整理、植物栽种、管理与刈割，管理时需根据土壤具体情况进行灌溉、施肥和添加金属释放剂。

（6）植物安全焚烧。

2) 运行维护和监测

该技术的田间管理相对简单，仅需对植物生长过程进行相应的灌溉和施肥等农业措施。为掌握污染土壤中污染物的年去除率，运行过程中需定期对污染土壤中的污染物浓度等相关指标进行监测。同时，为避免二次污染，应对焚烧炉、尾气处理设施和重金属提取效果进行定期监测，以便及时采取相应的应对措施。

3) 修复周期及参考成本估算

该技术处理周期较长，一般需 3～8 年。其处理成本与工程规模等因素相关。在美国应用的成本为 25～100 美元/吨，在国内的工程应用成本为 100～400 元/吨。

4.4.2.3　应用案例

该技术修复成本相对低廉，相关配套设施已能够成套化生产制造，在国外已广泛应用于重金属、放射性核素、卤代烃、汽油、石油烃等污染土壤的修复，技术相对比较成熟。

1) 国外应用情况

国外部分应用案例信息如表 4-9 所示。

表 4-9　植物修复技术国外应用案例

序号	场 地 名 称	目标污染物	选用植物	规 模
1	美国伊利诺伊州阿贡某污染场地	VOCs（四氯乙烯、三氯乙烯）	杂交杨树、杂交柳树	5 英亩（约合 20 234.3 m²）
2	美国威斯康星州某污染场地	PAHs、PCBs	玉米杂交种、沙洲柳树、当地草	1 007 m³

（续表）

序号	场地名称	目标污染物	选用植物	规模
3	美国新泽西州某污染场地	铅	印度芥子、向日葵、黑麦、大麦	1 594 m³
4	美国宾夕法尼亚州某污染场地	重金属	冰草、黑麦草等	850 英亩（约合 3 439 831 m²）
5	美国弗吉尼亚州蓝岭某污染场地	砷	蜈蚣草	20 英亩（约合 80 937.2 m²）

说明：1 英亩约为 4 046.86 平方米。

2）国内应用分析

我国对植物修复技术处理重金属的实验研究起步较早，相继开展了铜、铅、锌、镉和砷等污染土壤的植物修复研究。1999 年起国内开展了砷的超富集植物筛选和砷污染土壤的植物修复研究，用于砷污染农田土壤修复。该技术在国内发展已比较成熟，已广泛用于重金属污染土壤的修复。2009 年，我国利用化学-植物修复技术处理日本遗弃化学武器引起的农田有机砷污染土壤，利用该技术进行了工程应用示范，用于修复数百公顷有机砷污染土壤。国内相关案例介绍如下。

（1）工程背景　某地因开矿和尾矿大坝损坏引起农田大面积砷污染，经场地调查与风险评估，砷污染土壤面积总计约 1 000 亩。先期进行了 17 亩蜈蚣草治理砷污染土壤示范工程，直接采用种植蜈蚣草以及蜈蚣草和桑树套种技术，将污染土壤的砷浓度降低至 30 mg/kg 以下。

（2）工程规模　17 亩。

（3）主要污染物及污染程度　土壤污染物为砷，另有铅、锌和镉污染。砷的检出浓度超出国家环境标准 5～10 倍，最高超出 50 倍以上。

（4）土壤理化特性　土壤 pH 值范围为 3.8～7.0，大部分区域呈酸性，重污染区 pH 值低至 3.8。

（5）技术选择　主要进行重金属污染与酸污染修复。在进行砷、铅等复合污染土壤的植物修复过程中，应充分考虑修复植物对这些重金属的抗性、耐性和富集性，以及酸污染对修复植物的毒害，搭配适宜的富集植物（蜈蚣草）以修复重金属复合污染与酸污染土壤。富集砷的蜈蚣草晾干后采用焚烧方式处理。

（6）工艺流程及关键设备　主要包括富集植物育苗种植所需的农业翻耕设备、灌溉设备、施肥器械以及焚烧炉、尾气处理设备等。

（7）主要工艺及设备参数　主要包括场地调查、育苗、移栽、田间管理、刈割和安全焚烧。蜈蚣草采用孢子育苗，育苗温室温度控制在 20～25℃，湿度控制在 60％～70％。种植密度约为 7 000 株/亩。在田间种植条件下，蜈蚣草叶片含砷量高达 0.8%。蜈蚣草生长至 0.5 m 时收割,年收割 4 次。收获的蜈蚣草晾干后,添加重金属固定剂,然后进行安全焚烧处理。

(8)成本分析　包含建设施工投资、设备投资、运行管理费用。处理成本为 2 万～3 万元/亩。运行过程中的主要能耗为灌溉、焚烧和尾气处理的电耗,另外还有田间管理的人工成本。

(9)修复效果　污染土壤中砷的浓度降低至修复目标(30 mg/kg)以下,满足修复要求[15]。

4.4.3　土壤阻隔填埋技术

土壤阻隔填埋技术包括原位土壤阻隔覆盖技术和异位土壤阻隔填埋技术。

4.4.3.1　基本概念及适用性

(1)技术名称:土壤阻隔填埋(soil barrier and landfill)。

(2)适用的介质:污染土壤。

(3)可处理的污染物类型:适用于重金属污染土壤、有机物污染土壤及重金属-有机物复合污染土壤。

(4)应用限制条件:不宜用于污染物水溶性强或渗透率高的污染土壤,不适用于地质活动频繁和地下水水位较高的地区。

(5)原理:将污染土壤或经过治理后的土壤置于防渗阻隔填埋场内,或通过敷设阻隔层阻断土壤中污染物迁移扩散的途径,使污染土壤与四周环境隔离,避免污染物与人体接触和随降水或地下水迁移进而对人体和周围环境造成危害。按其实施方式可以分为原位阻隔覆盖和异位阻隔填埋。

4.4.3.2　技术实施过程

技术实施过程包括主要实施过程、运行维护和监测、修复周期及参考成本估算等相关方面。

1)主要实施过程

根据污染程度与污染土壤的不同情况,该技术可以与其他修复技术联合使用。对于高风险污染土壤,可先利用固化/稳定化技术,然后对污染土壤进行填埋;对于低风险污染土壤,可直接填埋在阻隔防渗的填埋场内或采用原位阻隔覆盖。该技术一方面可隔绝土壤中污染物向周边环境迁移,另一方面可使其污染物在阻隔区域内自然降解。

原位土壤阻隔覆盖技术的主要实施过程:确定污染阻隔区域边界;在污染阻隔区域四周设置由阻隔材料构成的阻隔系统;在污染区域表层设置覆盖系统;定期对污染阻隔区域进行监测,防止渗漏污染。

异位土壤阻隔填埋技术的主要实施过程:对挖掘后的污染土壤进行适当的预

处理;建设填埋场防渗系统,根据地下水水位情况建设地下水导排系统;将预处理后的污染土壤填埋在阻隔填埋场;填埋完毕后进行填埋场封场,并建设相应的排水系统,根据填埋土壤性质建设导气收集系统;利用填埋场监测系统定期监测地下水水质,防止渗漏造成污染。

2) 运行维护和监测

原位土壤阻隔覆盖技术的运行维护主要是定期维护阻隔体的完整性,指标包括 HDPE(高密度聚乙烯)膜有无破损、覆盖黏土层是否有大型植物生长、上下游地下水水质情况(监测污染土壤中的特征污染因子)等。异位土壤阻隔填埋技术的运行维护主要是对阻隔防渗填埋场的运行维护。根据填埋土壤的不同类型,设置必要的运行维护措施。

对该阻隔系统的监测主要是沿着阻隔区域地下水水流方向设置地下水监测井,监测井分别设置在阻隔区域的上游、下游和阻隔区域内部。通过比较分析流经该阻隔区域内的地下水中目标污染物含量变化,及时了解阻隔区域对周围环境的影响,并适时做出响应,防止二次污染。

3) 修复周期及参考成本估算

该技术的处理周期与工程规模、污染物类别、污染程度密切相关,相比于其他修复技术,该技术处理周期较短。该技术的处理成本与工程规模等因素相关,通常原位土壤阻隔覆盖技术的应用成本为 500~800 元/米^2;异位土壤阻隔填埋技术的应用成本为 300~800 元/米^3。

4.4.3.3　应用案例

污染土壤阻隔填埋技术早在 20 世纪 80 年代初期就已经开始应用,该技术在国外已经应用了 30 多年,已成功用于近千个工程,技术已经相对比较成熟。

1) 国外应用情况

国外部分案例信息列于表 4 - 10 中。

表 4 - 10　土壤阻隔填埋技术国外应用案例

序号	场 地 名 称	目标染物	规 模
1	美国佛罗里达州 Pepper 钢铁合金厂场地修复	PCBs、铅、砷	65 000 m^3
2	美国某电池处理项目	铬、铅	34 000 m^3
3	美国劳伦斯利弗莫尔国家实验室某填埋场	重金属、有机物	9 700 m^3
4	美国某金属矿	锌等重金属	77 000 m^2

2) 国内应用分析

我国对该技术的最早应用是在 2007 年,以阻隔填埋方式处置重金属污染土壤。2010年,某工程采用HDPE膜作为主要阻隔材料,阻挡污染物随地下水的水平迁移,将污染物以及污染土壤与外界环境隔绝,杜绝污染扩散,保护周围土壤和地下水。国内案例介绍如下。

(1)工程背景　某水源地对重金属污染土壤进行综合治理,以异位土壤阻隔填埋方法治理土壤重金属污染,该区域原为企业用地,后变更为水源地,由于该工期较短(5个月),修复标准严格,清挖参照《展览会用地土壤环境质量评价标准》的A级标准,阻隔填埋参照《地表水环境质量标准》的Ⅳ类水体标准值。

(2)工程规模　170 000 m³污染土壤。

(3)主要污染物及污染程度　主要污染物为Cr(铬)、Pb(铅)、Cd(镉)、As(砷)、Cu(铜)、Zn(锌)、Hg(汞)、Ni(镍)。Cr最高污染浓度为28 500 mg/kg;Pb最高污染浓度为7 514 mg/kg;Cd最高污染浓度为0.97 mg/kg;As最高污染浓度为30.41 mg/kg;Cu最高污染浓度为3 560 mg/kg;Zn最高污染浓度为3 926 mg/kg;Hg最高污染浓度为6.05 mg/kg;Ni最高污染浓度为106 mg/kg。

(4)土壤理化特性　该项目污染土壤主要为粉土和黏土,渗透系数较低,为$10^{-7} \sim 10^{-8}$ cm/s。

(5)技术选择　综合以上污染物特性、污染物浓度、土壤特征以及项目开发建设需求,最终选定技术成熟、成本较低、运行管理简单的污染土壤阻隔填埋技术。

(6)工艺流程和关键设备　本处置过程用到的关键处置设备为土壤改良机、土壤压实机、挖掘机等。具体工艺流程如图4-6所示。

图4-6　工艺流程图

(7)主要工艺及设备参数　考虑到本项目重金属污染较为严重,采取固化/稳定化处置后,再进入填埋场阻隔填埋。污染土壤固化/稳定化采用土壤改良机,该设备由进料设备、加药设备和搅拌出料设备构成,为履带移动式,可方便到达任何修复现场,最大处理能力为80 m³/h。填埋场阻隔防渗主要选用1.5 mm HDPE膜和600 g/m²土工布,采用热熔挤压式手持焊接机、温控自行式热合机、土工布缝纫机等设备进行焊接。

(8)成本分析　该项目的处理成本约为500元/米³,包含建设施工投资、设备投资、运行管理费用等。

(9)修复效果　项目实施后满足修复要求并通过环保局的修复验收,保证了水源地水质安全[16]。

4.4.4 生物堆技术

生物堆土壤修复技术自 1986 年开始不断得到检验。经生物堆处理后的土壤可以种上植物对土壤进行进一步净化处理。最后土壤质量可以达到农业土壤使用的标准要求。

4.4.4.1 基本概念及适用性

（1）技术名称：生物堆（biopile）。

（2）适用的介质：污染土壤、油泥。

（3）可处理的污染物类型：石油烃等易生物降解的有机物。

（4）应用限制条件：不适用于重金属、难降解有机污染物污染土壤的修复；对于黏土类污染土壤的修复效果较差。

（5）原理：对污染土壤堆体采取人工强化措施，促进土壤中具备污染物降解能力的土著微生物或外源微生物的生长，降解土壤中的污染物。

4.4.4.2 技术实施过程

技术实施过程包括主要实施过程、运行维护和监测、修复周期及参考成本估算等相关方面。

1）主要实施过程

首先对挖掘后的污染土壤进行适当预处理，例如调整土壤中碳、氮、磷、钾的配比，调整土壤含水率、土壤孔隙度、土壤颗粒均匀性等。接着在堆场依次铺设防渗材料、砾石导气层、抽气管网（与抽气动力机械连接），形成生物堆堆体基础，然后将预处理后的土壤堆置其上形成堆体。在堆体顶部铺设水分、营养调配管网（与堆外的调配系统连接）以及进气口，采用防雨膜进行覆盖。最后，开启抽气系统使新鲜空气通过顶部进气口进入堆内，并将堆内土壤的氧气含量维持在一定浓度水平。定期监测土壤中氧气、营养、水分含量并根据监测结果进行适当调节，确保微生物处于最佳的生长环境，促进微生物对污染物的降解。定期采集堆内土壤样品，了解污染物的去除速率。

2）运行维护和监控

运行过程中需对抽气风机、管道阀门进行维护。定期对堆内含氧量、含水率、营养物质含量、土壤中污染物浓度、微生物数量等指标进行监测。为避免二次污染，应对尾气处理设施的效果进行监测，以便及时采取应对措施。

3）修复周期及参考成本估算

该技术处理周期一般为 1～6 个月。在美国的应用成本为 130～260 美元/米³，国内的工程应用成本为 300～400 元/米³。特定场地生物堆处理的成本和周期可通过实验室小试或中试结果进行估算。

4.4.4.3 应用案例

生物堆修复技术的成本相对低廉,相关配套设施已能够成套化生产制造,在国外已广泛应用于石油烃等易生物降解污染土壤的修复,技术成熟。

1) 国外应用情况

美国 EPA、美国海军工程服务中心等机构已制定并发布了该技术的工程设计手册。国外部分应用案例信息如表 4-11 所示[16]。

表 4-11　生物堆技术国外应用案例

序号	场地名称	目标污染物	规模/m³
1	南澳大利亚某燃料油污染场地	石油烃	2 000
2	北青衣土壤净化工程	石油烃	65 000
3	竹高湾财利船厂土壤修复	石油烃	57 000
4	比利时某炼油厂	石油烃	15 000
5	加拿大亚伯达某场地	石油烃	27 000

2) 国内应用情况

2008 年,某研究院对该技术进行了工程应用示范,用于修复某地某焦化厂石油烃、苯系物、多环芳烃复合污染土壤,示范规模为 450 m³。2010 年,该技术再次应用于某地铁线施工场地苯胺污染土壤的修复,修复规模达 49 920 m³。2012 年,某农药厂应用该技术修复苯系物等有机物污染土壤,修复规模达 10 万立方米。通过以上案例的工程应用,该技术在国内发展已比较成熟,相关核心设备已能够完全国产化。由北京市环境保护科学研究院、北京金隅生态岛科技有限公司提供的国内案例介绍如下。

(1) 工程背景　某化工区经场地调查与风险评估发现存在苯胺污染土壤约49 920 m³。为满足项目施工进度及项目建设施工方案的要求,这部分污染土壤采用异位处理使苯胺浓度小于 4 mg/kg。

(2) 工程规模　49 920 m³。

(3) 主要污染物及污染程度　主要污染物为苯胺,最大检出浓度为 5.2 mg/kg。苯胺饱和蒸气压为 0.3,辛醇-水的分配系数为 0.9,具备一定的挥发性,能在负压抽提下部分通过挥发而去除。同时,研究表明,其在好氧条件下的生物降解半衰期为 5~25 天,降解性能较好。

(4) 土壤理化特征　污染土壤以砂粒为主,有机质含量相对较低,污染物"拖尾"效应较弱。其通气性能较好,本征渗透系数达到 10^{-6} cm²,有利于氧气的均匀传递。

(5) 技术选择　考虑到污染较轻,污染物的挥发性和生物易降解性较好,以及土壤有机质含量低、渗透性较好及修复成本等因素,选定批次处理能力大、设备成熟、运行管理简单、无二次污染且修复成本相对较低的生物堆技术。

（6）工艺流程和关键设备　其工艺流程如图 4-7 所示。

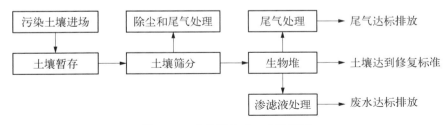

图 4-7　生物堆技术工艺流程图

（7）主要工艺及设备参数　考虑到该项目的土方量及甲方要求的修复工期,该项目采用模块化设计,单个批次总共建设 3 个堆体,批次处理能力为 10 000 m³,每个堆体配置独立的抽气控制设备进行控制,每个堆体的设计处理时间为 1.5 个月,堆体剖面结构如图 4-8 所示。

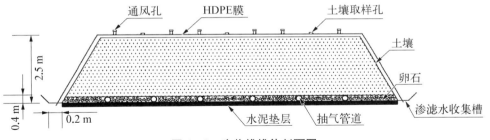

图 4-8　生物堆堆体剖面图

（8）成本分析　该项目的处理成本约为 350 元/米³,包含建设施工投资、设备投资、运行管理费用等。

（9）修复效果　依据设计方案,该项目 49 920 m³ 污染土壤中苯胺的浓度均降低至修复目标(4.0 mg/kg)以下,满足修复要求并通过环保局的修复验收[17]。

4.4.5　多相抽提技术

多相抽提技术是当前国外修复挥发性有机物污染土壤和地下水的主要技术之一,它通常通过同时抽取地下污染区域的土壤气体、地下水和非水相液体污染物至地面进行分离及处理,达到迅速控制并同步修复土壤与地下水污染的效果。

4.4.5.1　基本概念及适用性

（1）技术名称:多相抽提(multi-phase extraction,MPE)。

（2）适用的介质：污染土壤和地下水。

（3）可处理的污染物类型：适用于易挥发、易流动的 NAPLs（非水相液体），如汽油、柴油、有机溶剂等。

（4）应用限制条件：不宜用于渗透性差或者地下水水位变动较大的场地。

（5）原理：利用真空泵抽提产生负压，抽取地下污染区域的土壤气体、地下水和浮油层到地面进行相分离及处理，空气流经污染区域时，解吸并夹带土壤孔隙中的挥发性和半挥发性有机污染物，由气流将其带走，经抽提井收集后进行最终处理，达到净化包气带土壤的目的。有时在抽提的同时，可以设置注气井，人工向土壤中注入空气。抽出的气体经过除水汽和吸附等处理后排入大气，或者根据污染物的不同，采用相应的气体处理技术[17]。

4.4.5.2　技术实施过程

技术实施过程包括主要实施过程、运行维护和监测、修复周期及参考成本估算等相关方面。

1）主要实施过程

主要实施过程包括以下 4 点。

（1）建立地下水抽提井，井与井的间距应在水力影响半径范围内。抽提井中的 NAPLs 和受污染的地下水首先会通过泵被抽出地面；在抽提井附近区域的 NAPLs 会随着地下水对井的补给一起进入抽提井内而被抽出。对于有 DNAPLs（重质非水相液体）存在的场地，抽提井的深度应达到隔水层顶部。

（2）整个抽提管路应保持良好的密闭性，包括井口、管路、接口等。抽提开始后，根据流量观测，调节真空度及抽提管位置，使系统稳定运行。对尾气排放口的挥发性有机物进行监测，若浓度明显增大应停止抽提，更换活性炭罐中的活性炭。

（3）观察维护油水分离器，确保油水分离效果。被水气两用泵抽出的土壤气体、地下水以及 NAPLs 会在气水分离器内进行气水分离。分离出的气相部分通过真空泵排入气体处置装置，分离出的液相部分则进入油水分离器内。

（4）液相在油水分离器内通过重力分离，并对水、油分别进行收集、处理、处置。得到的上层 LNAPLs（轻质非水相液体）和下层 DNAPLs 污染物作为危险废物处置；受污染的地下水则通过污水泵送至现场污水处理站处理后达标排放。

2）运行维护和监测

运行维护包括 NAPLs 收集、抽提井真空度调节、活性炭更换、沉积物清理、仪表和电路及管路检修和校正等。同时，为有效地评估多相抽提技术对地下环境的影响，需在运行过程中持续监测系统的物理及机械参数（包括抽提井和监测井内的真空度、抽提井内的地下水降深、抽提地下水体积、单井流量、风机进口流量、抽提井附近地下水位变化等）、化学指标（包括气相污染物浓度、气/水排放口污染物浓度、抽提地下水污染物浓度、NAPLs 组成变化等），以及生物相关指标（包括溶解性气体浓度、氮和磷的浓度、pH 值、氧化还原电位、微生物数量等）。此外，为避免二次污染，应对废水和尾气处理设施的效果进行定期监测，以便及时采取应对措施。

3）修复周期及参考成本估算

多相抽提技术的处理周期与场地水文地质条件和污染物性质密切相关，一般需通过场地中试确定。通常应用该技术清理污染源区的速度相对较快，一般需要 1～24 个月。其处理成本与污染物浓度和工程规模等因素相关，具体成本包括建设施工投资、设备投资、运行管理费用等支出。根据国内中试工程案例，每处理 1 千克 LNAPLs 的成本约为 385 元。

4.4.5.3　应用案例

多相抽提技术在国内外已被广泛应用，技术相对比较成熟。

1）国外应用情况

国外部分应用案例信息如表 4-12 所示。同时，美国陆军工程部等机构已制定并发布了该技术的工程设计手册。

表 4-12　多相抽提技术国外应用案例

序号	场地名称	NAPLs	处理前污染物浓度	处理后污染物浓度	处理范围	处理深度/ft①
1	美国印第安纳州某加油站	LNAPLs	苯：21 ppm②	未检出	169 760 ft³	10～20
2	捷克某空军基地	LNAPLs	四氯乙烯：0.4 ppm	四氯乙烯：0.1 ppm	22 030 lbs③	26
3	美国加利福尼亚州某工业场地	LNAPLs、DNAPLs	三氯乙烯：7～20 ppm	三氯乙烯：0.46～0.88 ppm	4 500 ft³	3.5～13
4	美国俄克拉何马州某军事基地	LNAPLs	燃油：8.6 加仑/天	燃油：1.2 加仑/天	5 000 000 ft³	25～31

2）国内应用情况

国内对多相抽提技术处理污染土壤和地下水的工程应用起步较晚，仅有少数中试研究，尚无大规模的工程应用示范和自主研发的多相抽提设备。国内案例介绍如下。

（1）工程背景　我国某化工企业历史上曾发生化工原料泄漏事故，经场地环

---

① ft 表示长度单位英尺，1 ft＝0.304 8 m。

② ppm 表示百万分之一，1 ppm＝10^{-6}。

③ lbs 表示质量单位磅，1 lb＝0.453 6 kg。

境调查发现厂区大面积土壤和地下水受到了甲苯的污染,并在发生泄漏的化学品仓库下发现了明显的 LNAPLs 污染物。该修复工程的工期要求为两年,修复目标为甲苯浓度降至饱和溶解度的 1% 以下,以便进一步开展原位修复技术。

(2)工程规模　中试工程,227.5 m³。

(3)主要污染物及污染程度　土壤和地下水中的污染物为甲苯,污染调查阶段揭露的甲苯 LNAPLs 层厚度为 7.8~64.1 cm,涉及区域面积约为 350 m²。

(4)水文地质特征　根据现场地面以下 5 m 内的钻孔试验结果确定场地浅层地质基本情况:0~0.9 m 深度为混凝土;0.9~2.0 m 深度以粉质黏土为主,夹杂碎石,潮湿;2.0~3.0 m 深度为粉质黏土,潮湿至饱水状态;3.0~5.0 m 深度为砂质粉土,饱水。潜水位在地下 1.8~2.2 m,流向为由东向西,水力梯度约为 0.5%。现场粉质黏土层横向渗透系数为 0.012 m/d,砂质粉土层横向渗透系数为 0.15 m/d。

(5)技术选择　该污染场地污染物为甲苯,是一种挥发性有机污染物,不易溶于水,且在该场地地下水中浓度已超过自身溶解度,形成了 LNAPLs 相。该污染物特征符合多相抽提技术适用的污染物类型,因此,可选用多相抽提技术处理该污染场地。

(6)工艺流程　抽提装置由气水分离器、真空泵、活性炭吸附器及相应的管路和仪表系统构成。

(7)关键设备及工艺参数　抽提井采用 UPVC 材质,井径为 25 mm,井深为 3.5 m,其中筛管位于地下 1 m 至地下 3 m 的位置。多相抽提中试系统的运行以单个抽提井逐一轮流抽提方式进行,总共运行 25 天。单个抽提井每天的抽提时间在 0.5 小时内,25 天的累积抽提时间共约 8 小时。抽提时系统真空度控制在 −0.065 MPa,抽提井井头真空度控制在 −0.03 MPa,平均气体抽提流量为 80~100 L/min。

(8)成本分析　去除 1 千克 LNAPLs 的费用约为 385 元。

(9)修复效果　在 25 天的运行时间内,多相抽提系统从 9 口井中总共抽出约 720 L 流体(LNAPLs 和部分受污染的地下水),通过不同方式总共去除甲苯污染物约 125 kg。单个抽提井中甲苯平均去除速率约为 1.75 kg/h。甲苯大部分以 LNAPLs 的形式去除。由中试运行结果可知,多相抽提装置对场地 LNAPLs 污染物的去除有较好的效果。多相抽提系统的抽提影响半径约为 6.0 m,系统运行过程中场地的地下水水位与系统运行前相比略有下降。由于中试工程在 25 天内已取得了较好的修复效果,因此,可以预期在 2 年内利用该技术可将该污染场地地下水中甲苯的浓度降至饱和溶解度的 1% 以下,即无 LNAPLs 存在,并达到修复目标[18]。

4.5　土壤环境修复的强化技术

表面活性剂(surfactant)是指加入少量能使其溶液体系的界面状态发生明显

变化的物质,由于其具有固定的亲水亲脂基团,在溶液的表面能定向排列。表面活性剂的分子结构具有两亲性:一端为亲水基团,另一端为疏水基团。这种独特的分子结构可以增强土壤污染物的溶解性,特别是疏水性有机物的水溶性。迄今为止,土壤淋洗技术是少数几个可以从污染土壤中完全分离出重金属、有机物和放射性同位素的土壤治理技术之一。表面活性剂频繁应用于土壤淋洗或其他修复技术中,如表面活性剂强化生物修复[19]、表面活性剂强化植物修复[20]、表面活性剂强化电动修复[21]等。

4.5.1　表面活性剂参与的土壤修复强化技术

将表面活性剂分子加入水-土壤双相体系,附着在土壤表面的粒子被表面活性剂吸附,并发生相互作用,如图 4-9 所示。正常情况下,亲水基团容易进入水相,亲脂基团则倾向于结合疏水性污染物或土壤颗粒。因此,低浓度的表面活性剂主要以单体的形式聚集在固-液或液-液界面。随着浓度的增加,表面活性剂分子逐渐取代水等界面溶剂,降低水相的极性和表面张力,同时可能会加速污染物的溶解,如非水相液体(NAPLs)。随着浓度进一步增大,椭圆形或球形胶束开始形成。溶解在水相中的污染物具有更强的流动性,有利于后续生物技术(植物吸收和微生物降解,见图 4-9)或非生物技术(土壤淋洗和后续分离)的污染物去除[21]。图 4-9 中的 CMC 指临界胶束浓度(critical micelle concentration)。

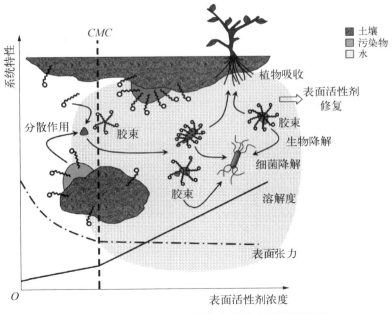

图 4-9　表面活性剂强化修复污染土壤的原理图

当表面活性剂添加到水-土系统时,一定量的表面活性剂将被土壤颗粒吸附。被吸附的表面活性剂越多,发挥增溶作用的就会越少。此外,土壤的疏水性随着表面活性剂吸附量的增加而增大,这样就会造成被去除的可溶性有机物将在土壤表面被回吸。因此,在选择合适的表面活性剂时,其在土壤颗粒上的吸附行为是一个需重点考虑的因素。

表面活性剂的分子结构决定了其吸附能力。例如,全氟磺酸的污泥吸附能力比全氟羧酸强很多,而且对于 C5～C15 全氟烷基表面活性剂,随着烷基链长度的增加,吸附能力逐渐增强。除了表面活性剂自身特性外,其吸附能力也与土壤特性有关。研究发现,土壤中十二烷基氯化物的阳离子表面活性剂吸附能力随着土壤的阳离子交换容量值增加而线性增加,这表明表面活性剂的吸附取决于土壤表面的净负电荷。在 TX－100 的吸附最大值与土壤有机质含量的相关性研究中表明,土壤有机质改变土壤-水体系的界面性质,从而影响非离子 TX－100 的吸附行为[21]。

4.5.2 表面活性剂土壤修复强化技术中污染物的去除机制

土壤中重金属和放射性核素可以通过相关表面活性剂的络合作用和离子交换过程去除。大环化合物表面活性剂由于具有优良的放射性核素选择性,在修复放射性同位素污染土壤方面具有光明前景。双子表面活性剂相比于相应的单体表面活性剂,由于其具有较低的临界胶束浓度值和较好的增溶能力,所以对于土壤修复有较高价值。生物表面活性剂具有良好的环境兼容性以及解吸和溶解污染物的能力,也可促进污染物的生物降解。将表面活性剂与其他试剂结合使用也是表面活性剂进一步提高土壤淋洗剂整体性能的一种方法。

1) 疏水性有机污染物的去除

土壤修复强化技术中表面活性剂解吸疏水性有机物有两种不同的机制:卷曲机制(浓度低于 CMC)与增溶机制(浓度高于 CMC)。当溶液中表面活性剂浓度低于 CMC 时,表面活性剂单体的存在增加了土壤胶体颗粒与石油烃疏水基团之间的接触角,促进了污染物分子与土壤颗粒分离,此过程称为卷曲机制(soil roll-up mechanism)。另一过程称为增溶机制(solubilization),当溶液中表面活性剂浓度高于 CMC 时,从土壤颗粒表面分离下来的污染物大分子被表面活性剂胶束吸附于其疏水核中,使污染物分子在水中的溶解度增加。通过这两个机制的共同作用,土壤中的疏水性有机污染物可从土壤颗粒表面分离并从土壤中解吸出来。

有机污染物的表面活性剂强化土壤植物修复作用也经常被报道。盆栽实验探讨了鼠李糖脂、菌粉和紫花苜蓿对 PAHs 的联合降解作用。鼠李糖脂表面活性剂的加入可以改变紫花苜蓿根细胞膜的渗透率,从而提高其对营养物质的吸收并促进生长；另一方面，鼠李糖脂的增溶效果能促进植物对污染土壤中 PAHs 的吸收，并进一步提高对污染物的生物利用率。

2）重金属的去除

土壤中的重金属主要以离子形式或金属化合物沉淀形式吸附于土壤表面，不同于有机污染物，重金属的去除主要是通过表面活性物质络合和离子交换，因此，表面活性剂强化的淋洗工艺和生物提取可被用于重金属污染土壤的修复。Slizovskiy 等人研究了阴离子表面活性剂 DPC（desaturated phosphatidylcholine，去饱和磷脂酰胆碱）和非离子表面活性剂 JBR－425（一种生物表面活性剂的产品型号）对重金属污染土壤的强化修复作用。结果发现 JBR－425 洗脱效果最佳（其中锌 39％、铜 56％、铅 68％、铬 43％），对土壤重金属的提取具有很好的促进作用。脂多糖（LPS，革兰氏阴性细菌细胞壁的特有成分）由亲水的多糖和疏水的磷脂组成，能影响生物表面活性剂对重金属的提取。Langley 和 Beveridge 的研究表明，LPS 增强了细胞壁外的亲水性，并通过 O—侧链和磷脂进一步协调金属阳离子，从而辅助细菌吸收金属阳离子[21]。

3）放射性核素的去除

土壤中重要的人造放射性核素包括铯、铀和锶，它们具有与重金属相似的性质，因此可通过溶解、离子交换和络合作用等机制处理。阳离子表面活性剂尤其是十六烷基二甲基叔胺已经成功地应用到清理铯污染的土壤淋洗剂中。然而，由于土壤中放射性核素极其顽固，要从土壤中解吸就应该通过更强的络合提高去除率。一些大环化合物，如冠醚、环糊精、杯芳烃，对阳离子具有独特的选择性。配位原子（例如氮氧原子的孤电子对）能够将阳离子配合到空腔中，并且与空腔的吻合度由大环化合物对阳离子的亲和性和选择性来决定。

4.5.3　表面活性剂在土壤修复中的应用

根据亲水基团，表面活性剂一般可分为阳离子型、阴离子型、非离子型和两性表面活性剂四种[21]。不同结构和性能的表面活性剂可以起到不同的净化作用。

1）离子型表面活性剂

离子型表面活性剂包括阳离子型、阴离子型和两性离子表面活性剂。大多数土壤胶体颗粒带负电荷，可通过离子交换和离子匹配作用与阴离子和阳离子表面活性剂结合，降低土壤与水的界面张力，促进污染物的迁移。可生物降解的十二烷基硫酸钠（SDS）是最常见的离子型表面活性剂之一，它能有效去除土壤中的疏水性污染物，同时具有去除重金属的能力。SDS 分子中的含硫基团能与重金属结合并促进它们的解吸。与阴离子表面活性剂相比，阳离子表面活性剂更容易吸附在带负电荷的土壤颗粒和含水层物质表面，这就不可避免地增加了表面活性剂的消耗。因此,实际应用中会较多使用阴离子表面活性剂进行土壤淋洗或水冲洗。表 4-13 全面总结了在 2000 年后,使用离子型表面活性剂对特定场所(如实验室、田间示范、整体试验区)的污染土壤修复案例。

2) 非离子表面活性剂

非离子表面活性剂在水中不产生电离,其亲水部分通常由含氧基团组成,如羟基和聚氧乙烯。非离子表面活性剂分子通过亲水基团与水分子之间形成氢键而溶解在水相中。由于非极性链间的疏水作用力,亲水性链容易在水相中分离,因此非离子表面活性剂更易形成胶束。离子表面活性剂比相同烷基链长度的非离子表面活性剂更难形成胶束,因为高浓度有利于克服离子型表面活性剂离子头之间的静电斥力。因此,非离子表面活性剂通常具有较低的临界胶束浓度。由于它们的增溶能力和较低的毒性,非离子表面活性剂广泛应用于污染土壤的修复技术研究。表 4-14 总结了非离子表面活性剂对特定区域污染土壤修复的案例。

3) 双子表面活性剂

双子表面活性剂是一群具有超高表面活性的化合物,其含有不只一个疏水性和亲水性基团。与相应的单体表面活性剂相比,他们的 CMC 值较低,故其具有较高的土壤修复价值。在双子表面活性剂的结构中,两个传统单链表面活性剂通过一个连接基团连接在一起,甚至因特定的目的添加更多的功能基团。对称双子表面活性剂的示意图如图 4-10(a)所示。连接基团可以灵活设计,烷基碳链、刚性苯基、聚苯乙烯链和极性聚醚均能作为连接基团。亲水部分可以为阴离子硫酸盐、羧酸盐、磷酸盐、阳离子季铵、非离子聚醚、多糖和复杂的亲水性聚合物。疏水部分通常是长链烃类。

双子表面活性剂在土壤颗粒表面的单层吸附过程如图 4-10(b)所示。疏水性尾部向内与土壤颗粒结合,与连接基团相连的亲水性头部延长到水相中,形成一种独特的结合模式。其性能不仅受疏水/亲水性基团的影响,也受连接基团的影响。连接基团的桥接功能可以降低相同电荷离子基团之间的静电斥力,形成比相应的单基表面活性剂更为紧密的胶束,因此,表面活性剂往往具有更好的增溶能力;连接基团的类型与长度改变会使双子表面活性剂的性质发生改变。

4) 生物表面活性剂

生物表面活性剂是一种生物可利用的具有表面活性的化合物,主要由细菌、真菌和酵母菌的生命活动产生,也可从植物和动物的代谢物中提取。例如,鼠李糖脂可由铜绿假单胞菌分泌,白色念珠菌能在发酵过程中产生大量的槐糖脂。生物表面活性剂不仅具有增溶、乳化、润湿、发泡、分散、降低表面张力等表面活性剂所共有的性能,与其他通过化学合成或石油炼制法生产的表面活性剂相比,还具有无毒、可生物降解、生态安全以及高表面活性等优点。常用于土壤修复的生物表面活

表4-13　离子表面活性剂在污染土壤中的应用案例

土壤来源/受污染的地点	土壤质地	修复规模	主要污染物	表面活性剂及用途	修复的有效性
希腊克里特岛的农业土壤	56%的砂土,35.5%的淤泥和8.5%的黏土	实验室	Cd	10^{-2} mol/L SDS,38 V电动淋洗18天	18天后去除94%的镉
墨西哥冶金厂的重金属污染土壤	39%的黏土,36%的壤土和24%的砂土	实验室	重金属如Cd,Zn,Cu,Ni	20 mL 0.5% Texapon-40与6 g土壤混合后搅拌24 h	镉、镍和锌的去除率分别为83.2%,82.8%和86.6%
韩国平泽市的有机物污染土壤	含0.8%黏土的砂质土壤	实验室	1,2,4-三氯苯(TCB)	4 wt%的SDS和10 wt%的NaCl,渗滤液体积为3 750 mL	TCB去除率为97%
天津南开大学校园土壤	—	实验室	涕灭威(氨基甲酸酯农药)	50 mL HTAB(200 mg/L)对5 g污染的土壤	涕灭威解吸率为56%
从加拿大马托巴省收集的黏土	压碎和筛选的黏土	实验室	苯系物、萘和菲	1.5 wt%的CTAB,水力梯度为2.8	有机污染物去除率为58.8%~98.9%
阿尔及利亚阿尔及尔附近被燃油污染的土壤	94%的泥沙、2.4%的砂土和2.9%的黏土	现场示范	柴油	8 mmol/L SDS,以3.2 mL/min的流速淋洗48 h	柴油去除率为97%
美国俄克拉何马州的地下储罐场	砂质粉土、粉质黏土	全面修复	柴油和汽油燃料	AOT/Calfax 16 L-35 (0.94 wt%总浓度) 0.2 wt%~0.4 wt% NaCl	苯减少75%~99%，TPH降低65%~99%
捷克共和国的焚化炉工厂	80%的砂土、17%的淤泥和3%的黏土	现场示范	PCBs	Spolapon AOS 146溶液(CMC值为40 g/L)	多氯联苯净化率达到56%
美国阿拉梅达海军航空站站点	均质的砂土和黏土	现场示范	DNAPLs,尤其是TCA和TCE	Dowfax(5 wt%)、二(2-乙基)己基磺化琥珀酸钠(2 wt%)、NaCl和CaCl$_2$	95%的DNAPLs去除率和93%的表面活性剂回收率

（续表）

土壤来源/受污染的地点	土壤质地	修复规模	主要污染物	表面活性剂及用途	修复的有效性
美国夏威夷珍珠港	高裂隙火山凝灰岩质层	现场示范	石油，LNAPLs	4 wt%的乙醚硫酸钠和8%的乙酸仲丁酯（SBA）助溶剂	回收土壤中87.5%的LNAPLs
美国俄亥俄州霍芬的雪佛龙辛辛那提工厂	细砂和粉砂、黏土	全面修复	BTEX，LNAPLs	Alfoterra 123-4-PO硫酸盐，8%的2-丁醇，Emcol-CC-9和氯化钙的混合物	LNAPLs的剩余饱和度从8%降低至小于1%

说明：HTAB指十六烷基三甲基溴化铵；CTAB指十六烷基三甲基溴化铵；TCA指三氯乙酸；TCE指三氯乙烯；TPH指总石油烃。

表4-14 用于修复污染土壤的非离子表面活性剂的应用案例

土壤来源/受污染的地点	土壤质地	修复规模	主要污染物	表面活性剂及用途	修复有效性
西班牙马德里的砂质土壤	土壤颗粒<2 mm	实验室	对甲酚	Tween-80（吐温-80），固液比为2.5 mg/L，混合时间为48 h	>70%的提取效率
实验室准备的土壤	50%~55%的砂土，40%~43%的淤泥，4%~5%的黏土	实验室	疏水性芳香族化合物	在2 g土壤中加入25 mL 0.05 mol/L Brij-35溶液，搅拌5 h	43%~69%的去除率
墨西哥冶金厂的重金属污染土壤	39%的黏土，36%的壤土和24%的砂土	实验室	镉、锌、铜、镍、铝和其他重金属	在6 g土壤中加入20 mL 0.5%的Tween-80，搅拌23 h	去除85.9%的Cd、85.4%的Zn和81.5%的Cu

（续表）

土壤来源/受污染的地点	土壤质地	修复规模	主要污染物	表面活性剂及用途	修复有效性
美国密歇根州东北部的巴赫曼路工地	浅薄无限制的沙丘	现场示范	四氯乙烯	6 wt%的 Tween-80 水溶液，68 400 L	洗净 19 L 四氯乙烯
炼油厂的原油污染土壤	淤泥和黏土	现场示范	石油烃	0.15%(v/v)的 Empilan KR6 和 1.6 mg/kg 生物强化商业产品 MicroSolv-400，进行植物修复	根部密度较高的土壤层(5～10 cm)中总石油烃去除量从 15%增加到 28%
韩国釜山中试规模的土壤	填土(顶层)、淤泥和砂土	现场示范	柴油，煤油和润滑油	2%的脱水山梨糖醇单油酸酯(POE 20)	POE 20 去除了土壤中 88%的石油烃
瑞典东南部的一个旧木材保护场	17%的砂土，36%的淤泥和 28%的黏土	实验室和试验性规模	多环芳烃和砷	pH=12，0.213 mol/L 的 MGDA 和烷基葡萄糖苷表面活性剂的组合	洗涤后，砷和多环芳烃的浓度分别从(105±4) mg/kg 和(27±0.71) mg/kg 降至 25 mg/kg 和 10 mg/kg
墨西哥停止运营的石油分配和存储站	孔隙率为 38%	试点/现场演示	汽油和柴油污染，如 MTBE, BTEX	pH=7.8，0.5% Canarcel Tween-80	最初的 TPH 浓度为 4 600 mg/kg，平均 TPH 去除率为 87.1%
比利时去除地面垃圾后的土壤	54%的砂土，33%的淤泥，13%的黏土	实验室和试验性规模	柴油	Tergitol NP-10 (10^{-6} ~ 10^{-3} mol/L)，50 g/L	柴油去除率达 50%

说明：MGDA 指甲基甘氨酸二乙酸；MTBE 指甲基叔丁基醚。

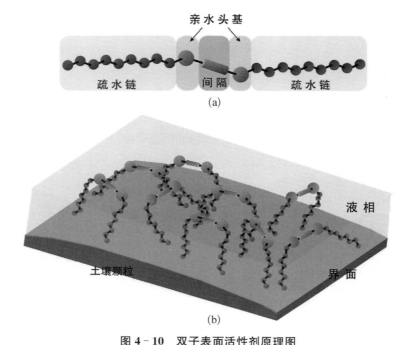

图 4‑10　双子表面活性剂原理图

（a）对称双子表面活性剂的原理图；（b）由于双子表面活性剂分子的
吸附而在水‑土壤界面形成的单层膜

性剂包括糖脂（例如鼠李糖脂、槐糖脂）、脂肽（例如表面活性素、多黏菌素）化合物和腐殖物质。作为最广泛的天然有机物，腐殖酸（HAS）具有两性性质，可以方便地作为环保型表面活性剂。

5）混合型表面活性剂及其联合使用

不同类型的表面活性剂混合淋洗液会形成协同作用。例如，由于非离子表面活性剂使离子表面活性剂分散并在某种程度上减少了离子表面活性剂分子之间的静电斥力，所以离子和非离子型表面活性剂的混合物比单一表面活性剂有更强的增溶效果。因此，少量非离子表面活性剂在离子表面活性剂中的存在可以显著降低混合表面活性剂体系的临界胶束浓度。此外，适当的几种表面活性剂组合可以抑制个别表面活性剂互相吸附在土壤上，所以在混合体系中由于吸附在土壤上所造成的表面活性剂损失相对较低，从而加强了混合表面活性剂对污染物的解吸能力。应该指出，混合表面活性剂也是改善土壤修复中表面活性剂体系生物相容性的一种方法。例如，阴离子和非离子混合表面活性剂体系中少量 SDS 的存在可以促进菲的降解。

将表面活性剂与其他添加剂（如有机溶剂、螯合剂和配体）联合使用可以提高去除土壤中污染物的能力。乙醇是一种常见的添加剂。查尔兹等研究了在十二烷磺基琥珀酸钠、异丙醇(IPA)和氯化钙(质量比为 3.3%∶3.3%∶0.4%)的混合溶液中四氯乙烯(PCE)的超增溶作用,证实了在表面活性剂胶束中 PCE 浓度显著增加。螯合剂也是表面活性剂强化修复污染土壤的一种良好助剂。表面活性剂和螯合剂通常联合应用于提高金属污染物的活性。研究表明,皂素和(S,S)-乙二胺-N,N-二琥珀酸三钠盐混合液可以使土壤中的铅、铜和多氯联苯最大程度解吸。在皂素溶液中,(S,S)-乙二胺-N,N-二琥珀酸三钠盐能促进皂素与金属的络合,并提高多氯联苯的溶解度。表面活性剂也可以与一些配体结合用于土壤修复。有学者研究发现,在 Triton X-100 表面活性剂溶液中加入 0.336 mol/L 的碘离子,二价镉和菲的去除率可以分别提高 36.3% 和 15.2%。除了上述添加剂,生物添加剂、水溶性聚合物和无机盐也可作为表面活性剂的添加剂用于土壤修复。

参 考 文 献

[1] 赵景联.环境修复原理与技术[M].北京:化学工业出版社,2006:26-66.

[2] 王菲,沈征涛,王海玲.水泥固化/稳定化场地污染土的效果分析[J].岩土工程学报,2018,40(3):540-545.

[3] 赵剑.城市生活垃圾焚烧飞灰胶凝活性及其固化/稳定化技术研究[D].重庆:重庆大学,2017:20-46.

[4] 范德华,崔双超,时公玉,等.有机污染土壤化学氧化修复技术综述[J].资源节约与环保,2019(3):104-105.

[5] 沈宗泽,陈有鑑,李书鹏,等.异位热脱附技术与设备在我国污染场地修复工程中的应用[J].环境工程学报,2019,13(9):2060-2073.

[6] 高国龙,张望,周连碧,等.重金属污染土壤化学淋洗技术进展[J].有色金属工程,2013,3(1):49-52.

[7] 侯星宇.水泥窑协同处置工业废弃物的生命周期评价[D].大连:大连理工大学,2015.

[8] 胡芝娟,李海龙,赵亮,等.水泥窑协同处置废弃物技术研究及工程实例[J].中国水泥,2011,7(4):45-49.

[9] 孙铁珩,李培军,周启星.土壤污染形成机理与修复技术[M].北京:科学出版社,2005:33-50.

[10] 马隽.加油站石油烃污染土壤气相抽提-生物通风技术耦合实验研究[D].北京:中国石油大学,2018:50-60.

[11] 吴志能,谢苗苗,王莹莹.我国复合污染土壤修复研究进展[J].农业环境科学学报,2016,35(12):2250-2259.

[12] 孙绍锋,蒋文,博郭瑞.水泥窑协同处置危险废物管理与技术进展研究[J].环境保护,2015,41(3):41-44.

[13] 潘琦,王艳,刘旭.水泥窑协同处置生活垃圾的可行性[J].中国资源综合利用,2012,30(6):

40 - 43.

[14] 林海,江昕昳,李冰.有色金属尾矿植物修复强化技术研究进展[J].环境科学与工程,2019,9(11):122 - 132.

[15] 王翔,王世杰,张玉,等.生物堆修复石油污染土壤的研究进展[J].环境科学与技术,2012,35(6):94 - 99.

[16] 刘沙沙,董家华,陈志良,等.生物通风技术修复挥发性有机污染土壤研究进展[J].环境科学与管理,2012,37(7):100 - 105.

[17] 赵勇胜.地下水污染场地的控制与修复[M].北京:科学出版社,2015:62 - 80.

[18] 王磊,龙涛,张峰,等.用于土壤及地下水修复的多相抽提技术研究进展[J].生态与农村环境学报,2014,30(2):137 - 145.

[19] Hazen T C, Tabak H H. Developments in bioremediation of soils and sediments polluted with metals and radionuclides: 2. field research on bioremediation of metals and radionuclides [J]. Reviews in Environmental Science and Bio/Technology, 2005, 4(3): 115 - 156.

[20] Wuana R A, Okieimen F E. Heavy metals in contaminated soils: A review of sources, chemistry, risks and best available strategies for remediation[J]. ISRN Ecology, 2011, 2011: 1 - 20.

[21] Mao X H, Jiang R, Xiao W, et al. Use of surfactants for the remediation of contaminated soils: A review[J]. Journal of Hazardous Materials, 2015, 21(285): 419 - 435.

第5章 水体修复的基本概念和一般原理

近年来,随着我国城市化进程的快速推进,城市内河遭到了严重的破坏,应用生态修复理念来改变城市内河水体的现状成了唯一的有效措施。水体生态修复就是对那些受损生态系统的功能进行重建,尽量使生态系统恢复到原有的状态,最终将其修复成一个能自我调节、自然的水体生态系统。但根据实践来看,水体生态修复并不能将其结构和功能完全复原,也无法重新创造一个全新的生态系统,它只能在损坏的基础上,通过一些技术来发挥自身的修复功能,使水体得到净化,以及使其他受到破坏的生态系统朝着一个健康的方向发展。

5.1 水体的概念和基本性质

地球表面的水十分活跃。海洋占地球面积的 70%,海洋蒸发的水汽进入大气圈,经气流输送到大陆,凝结后降落到地面,部分被生物吸收,部分下渗为地下水,部分成为地表径流。地表径流和地下径流大部分回归海洋。水在循环过程中不断释放或吸收热能,调节着地球上各圈层的能量,还不断地塑造着地表的形态。水圈中的地表水大部分在河流、湖泊和土壤中进行重新分配,除了回归于海洋的部分外,有一部分比较长久地储存于内陆湖泊或形成冰川,这部分水量交换极其缓慢,周期长达几十年甚至上千年。从这些水体的增减变化可以估计出海陆间水热交换的强弱。大气圈中的水分参与水圈的循环,交换速度较快,周期仅为几天。由于水分循环,地球上发生着复杂的天气变化。海洋和大气的水量交换导致热量与能量频繁交换,交换过程对各地天气变化影响极大,各国十分关注海-气相互关系的研究。生物圈中的生物受洪、涝、干旱影响很大,生物的种群分布和聚落形成也与水的时空分布有极为密切的关系。生物群落随水的丰缺而不断交替、繁殖和死亡。大量植物的蒸腾作用也促进了水分的循环。水在大气圈、生物圈和岩石圈之间相互置换,关系极其密切,它们组成了地球上各种形式的物质交换系统,形成了千姿百态的地理环境。人类大规模的活动对水圈中水的运动过程也有一定的影响。大规模的砍伐森林、大面积的荒山植林、大流域的调水、大面积的排干沼泽、大量抽用地下水等都会促使水的运动和交换过程发生相应变化，从而影响地球上水分循环的过程和水量平衡。人类的经济繁荣和生产发展也都依赖于水，如水力发电、灌溉、航运、渔业、工业和城市的发展，无不与水息息相关。

5.1.1　水体的概念

地球上的水资源从广义来说指水圈内水量的总体，包括经人类控制并直接可供灌溉、发电、给水、航运、养殖等用途的地表水和地下水，以及江河、湖泊、井、泉、潮汐、港湾和养殖水域等。从狭义上来说，水资源指逐年可以恢复和更新的淡水量。水是人类及一切生物赖以生存的必不可少的重要物质，体内发生的一切化学反应都是在介质水中进行的。若没有水，养料不能被吸收；氧气不能运到所需部位；养料和激素也不能到达它的作用部位；废物不能排除，新陈代谢将停止。水亦是工农业生产、经济发展和环境改善不可替代的极为宝贵的自然资源。在世界上许多地方，对水的需求已经超过水资源所能负荷的程度，同时有许多地区也濒临水资源利用的不平衡，所以我们要珍惜水资源。

5.1.2　水资源和水的特性

本节分别从水资源和水的特性两方面对水进行概括性介绍。

1）水资源的特性

一般来讲，水资源有广义水资源和狭义水资源两种。广义水资源指地球上各种形态（气态、液态或固态）的天然水；狭义水资源指与生态系统保护和人类生存与发展密切相关的、可以利用的、逐年能够得到恢复和更新的淡水，其补给来源为大气降水[1]。

（1）资源的循环性　水资源与其他固体资源的本质区别在于其所具有的流动性，它是在循环中形成的一种动态资源，具有循环性。水循环系统是一个庞大的天然水资源系统，水资源在开采利用后，能够得到大气降水的补给，处在不断的开采、补给和消耗、恢复的循环之中，可以不断地供给人类利用和满足生态平衡的需要。

（2）储量的有限性　水资源处在不断的消耗和补给过程中，从某种意义上讲，水资源恢复性强，具有"取之不尽"的特点。但实际上全球淡水资源的大部分资源储量却十分有限。全球的淡水资源仅占全球总水量的 2.5%，且淡水资源的大部分储存在极地冰帽和冰川中，真正能够被人类利用的淡水资源仅占全球水量的 0.796% 左右。从水量动态平衡的观点来看，某一时期的水量消耗量应接近该时期的水量补给量，否则将会破坏水平衡，造成一系列不良的环境问题。可见，水循环过程是无限的，水资源的储存是有限的，并非"取之不尽，用之不竭"。

（3）分布的不均匀性　水资源在自然界具有一定的时间和空间分布。时空分布的不均匀性是水资源的又一特性。全球水资源的分布表现为大洋洲的径流模数为 $51.0\,L/(s\cdot km^2)$，而澳大利亚仅为 $1.3\,L/(s\cdot km^2)$，最低和最高资源量相差数倍至数十倍。

由于受气候和地理条件的影响，地球表面不同地区水资源的数量差别很大，即使在同一地区也存在年内和年际变化较大、时空分布不均的现象，这一特性给水资源的开发利用带来了困难。例如，北非和中东很多国家（埃及、沙特阿拉伯等）降雨量少、蒸发量大，因此，径流量很小，人均及单位面积土地的淡水占有量都极少。相反，冰岛、厄瓜多尔、印度尼西亚等国以每公顷土地计的径流量比贫水国高出 1 000 倍以上。在我国，水资源时空分布不均匀这一特性也特别明显。由于受地形及季风气候的影响，我国水资源分布南多北少，且降水大多集中在夏、秋季节的三四个月里，水资源时空分布很不均匀。

（4）利用的多样性　水资源是被人类在生产和生活活动中广泛利用的资源，不仅广泛应用于农业、工业，还用于发电、水运、水产、旅游和环境改造等。在各种不同的用途中，有的是消耗性用水，有的则是非消耗性用水或者是消耗很小的用水，而且对水质的要求各不相同。这就是使水资源一水多用、充分发挥其综合效应的有利条件。

（5）多态性　自然界的水资源呈现多个相态，包括液态水、气态水和固态水。不同形态的水可以相互转化，形成水循环的过程，也使得水出现了多种存在形式，在自然界中无处不在，最终在地表形成了一个大体连续的圈层——水圈。

（6）利害的两重性　水资源与其他固体矿产资源相比，另一个重要区别是水资源具有既可以造福于人类、又可以损害人类的两面性[2]。

（7）可再生性　由于自然界中的水处于不断流动、不断循环的过程之中，水资源得以不断地更新，这就是水资源的可再生性，也称可更新性。具体来讲，水资源的可再生性是指水资源在水量上损失（如蒸发、流失、取用等）后和（或）水体被污染后，通过大气降水和水体自净（或其他途径）可以得到恢复和更新的一种自我调节能力。这是水资源可供永续开发利用的本质特性。不同水体更新一次所需要的时间不同，如大气水平均每 8 天可更新一次，河水平均每 16 天更新一次，海洋更新周期较长，大约是 2 500 年，而极地冰川的更新速度则更为缓慢，更新周期可长达万年。

（8）环境资源属性　自然界中的水并不是化学上的纯水，而是含有很多溶解性物质和非溶解性物质的一个极其复杂的综合体，这个综合体实质上就是一个完整的生态系统，使得水不仅可以满足生物生存及人类经济社会发展的需要，同时也为很多生物提供了赖以生存的环境，是一种环境资源[3]。

2）水的特性

水具有溶解性能好、解离作用强、比热容高等几大特性。

（1）溶解性能好　水是极性分子，电荷排列不对称，静电吸引强，因此其溶解性能好，几乎没有不溶于水的物质，所以水是最好的溶剂和清洗剂。

（2）解离作用强　水是极性分子，电离能力强，介电常数为81，许多物质只有在水中才能发生电离，进行化学反应。

（3）比热容高　单位质量的物质，温度升高或降低1℃时，所吸收或放出的热量称为该物质的比热容。水的比热容为1 kcal/(kg・℃)，约为4.185 8 kJ/(kg・℃)。由于水是极性分子，分子结构牢固，内聚力大，因此改变它的状态需要较高的能量。由于水的比热容大，在生产上可用做储存、输送和热转换介质。人畜饮水可调节体温，在自然界可利用天然水体调节气温。

另外，水的蒸发热很高，所以水沸腾时水温可保持在沸点。水的溶解热也很高，所以冰融化时，温度可保持在冰点。

（4）热缩与冷胀　热胀冷缩是物质的一般变化规律，但当水在0～4℃时却违反这一规律，为热缩冷胀。温度升高，体积反而缩小，4℃时密度最大，体积最小；当0℃结冰时，体积变大，密度变小，这一特性使水体在冬季保持表面为冰层，使冰层下鱼类生物得以生存。水的这一特性是由于水是极性分子，电荷分布不对称。常发生一个水分子中的氢与另一个水分子的氧相吸引形成双分子的水或三分子的水。三分子的水结构松散，体积变大。当水温由4℃降至0℃时，水中三分子水增多，所以水的密度变小，体积变大。

（5）界面特性强　水是极性分子，其表面张力是除汞外最大的，所以其吸附、渗透、润湿及毛细等界面特性突出。这些特性使水广泛应用于工业生产和环境保护，在农业上可使植物、土壤得以吸收和保存水分、肥分。

（6）三态变化易　水在常温下很容易进行液、气、固三态变化，所以在生产上可用来转换能量。

（7）光合作用好　水能透过可见光与紫外光的长波部分，并能使光达到水层的相当深度，发生光合作用。

（8）生命之源泉　生命源于水，而维持生命仍然依靠水。生命是由蛋白质等有机物组成的，而有机物是以碳、氢、氧为基础，其中氢、氧元素来自水的分解。

5.1.3　水的循环

地球上的水不是静止不动的，而是在太阳辐射和重力的共同作用下，以蒸发、降水和径流等方式周而复始、连续不断地运动和交替着，这称为水循环或水文循环。

1) 自然循环

水文循环是发生于大气水、地表水和地壳岩石空隙中的地下水之间的水循环。平均每年有 577 000 km³ 的水通过蒸发进入大气,通过降水又返回海洋和陆地。

地表水(海水、河湖水等)、包气带及饱水带中浅层水通过蒸发和植物蒸腾变为水蒸气进入大气圈。水汽随风飘移,在适宜条件下形成降水。落到陆地的降水一部分汇集于江河湖沼形成地表水,另一部分渗入地下。渗入地下的水部分滞留于包气带中(其中的土壤水为植物提供了生长所需的水分),其余部分渗入饱水带岩石空隙之中,成为地下水。地表水与地下水有的重新蒸发返回大气圈,有的通过地表径流或地下径流返回海洋。水循环的过程示意图如图 5-1 和图 5-2 所示[4]。

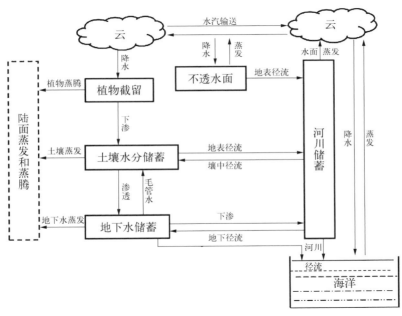

图 5-1　水的自然循环

2) 社会循环

水是关系人类生存发展的一项重要资源。人类为满足生产与生活需要,抽取附近河流、湖泊等水体,通过给水系统用于农业、工业和生活后,部分水成为生活污水和生产废水,排入附近自然受纳水体。这样,水在人类社会中又构成了一个局部的循环体系,即水的社会循环。之所以称为"循环",是从天然水的资源效能角度而言的,它使附近水体中的水多次更换,多次使用,在一定的空间和一定的时间尺度上影响着水的自然循环。

一般来说,发展中国家平均人均日用水量为 40~60 L,发达国家则为 200~300 L。当然,用水量的大小与不同地区的气候条件、生活习惯有关。

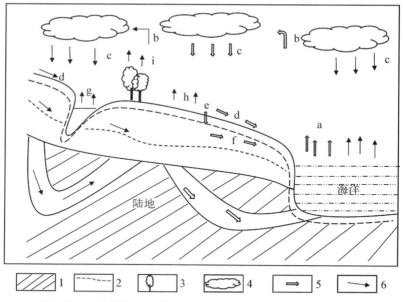

1—隔水层;2—透水层;3—植被;4—云;5—大循环各环节;6—小循环各环节;
a—海洋蒸发;b—大气中水汽转移;c—降水;d—地表径流;e—下渗;
f—地下径流;g—水面蒸发;h—土面蒸发;i—叶面蒸发(蒸腾)。

图 5－2 水文循环示意图

农业是用水大户。例如美国和日本农业用水量为工业用水量的 2～3 倍。中国是一个农业大国,农业是主要的用水与耗水部门。目前,农业用水占全球用水量的 65%,2005 年中国农业用水量占全国用水量的 63.6%。

工业也是用水大户,据统计,工业用水约占全球用水量的 22%,中国工业用水所占比例约为 20.2%,占城市用水的 70%～80%。发电、冶金、石油、化工、纺织、印染、造纸这些行业用水量约占全国工业用水量的 79.1%。

5.1.4 水资源现状

水是地球上分布最广的物质,是人类环境的一个重要组成部分。地球上水的总量约为 136 000 万立方千米,海洋中的水占地球总水量的 97.2%。陆地上分布着江河湖沼,地面水总量约为 23 万立方千米,淡水约占地球总水量的 2.7%,其中 69% 呈固态,以冰川或冰帽形式存在。南北极冰山是目前地球上最大的淡水库。河流湖泊中的淡水仅占 0.014%。土壤和岩层中含有多层地下水,总量估计有 840 万立方千米。此外,大气中流动着大量的水蒸气和云,动植物机体中包含水,矿物岩石结构中也有相当量的结晶水。地球上水的分布情况如表 5－1所示。

表 5-1　地球上水的分布情况

水 体 类 别	体积/万立方千米	占总量/%
海洋	132 000	97.2
河流	0.125	0.000 1
淡水湖泊	12.5	0.009
咸湖与内海	10.4	0.008
土壤水	6.7	0.005
浅层地下水	417	0.31
深层地下水	417	0.31
冰冠与冰川	2 920	2.15
大气水	1.3	0.001
生物体内水	0.6	0.000 4
其他	16.9	0.012
总量	135 802.5	100

人类可以直接利用的水只有地下淡水、湖泊淡水和河床水,三者总和约占地球总水量的 0.63%,除去不能开采的深层地下水,人类实际能够利用的水占地球上总水量的 0.32% 左右。

我国水资源总量并不少,全国年降水量约为 60 000 亿立方米,约占世界年降水量的 5%,居世界第三位。全国水资源总量为 28 124 亿立方米(其中地下水约有 8 700 亿立方米),居世界第四位,占世界水资源总量的 7%。但由于我国人口众多,人均水资源量为每人每年 2 580 m³,只相当于世界人均水资源占有量的 $\frac{1}{4}$,是世界上 13 个贫水国之一。

5.1.5　可利用的淡水资源

地表水指河流、湖泊或淡水湿地。地表水由经年累月自然的降水和降雪累积而成,并且自然地流失到海洋,蒸发至大气,以及渗流至地下。虽然任何地表水系统的自然水仅来自该集水区的降水,但仍有其他许多因素影响此系统中总水量的多寡。这些因素包括湖泊、湿地、水库的蓄水量,土壤的渗流性,此集水区中地表径流的特性。

地下水贮存于包气带以下的地层空隙,包括岩石孔隙、裂隙和溶洞中的水。人类利用的主要是浅层地下水。

5.1.6　海水淡化

海水淡化是一个将咸水(通常为海水)转化为淡水的过程。最常见的方式是蒸馏法与逆渗透法。目前，海水淡化的成本较高，而且提供的淡水量仅能满足极少数人的需求，因此不能作为广泛利用的获得淡水的方法。

5.2 水体污染概述

水中的各种物质（包括能量）在含量变化过程中，若引起水的功能降低从而危害生态健康，甚至对人类的生存与健康构成威胁时，则称它们造成了水体污染，于是它们被称为污染物，如水中的泥沙、重金属、农药、化肥、细菌、病毒、藻类等。可以说，当水中的所有物质超过一定限度时，都会形成水污染。当水中的污染物含量不损害所要求的水体功能时，尽管它们存在，却并不造成污染，例如水体中适量的氮、磷、动植物等对维持良好的生态系统持续发展还是有益的。所以，千万不能认为水中有污染物存在就一定会造成水体污染[5]。

5.2.1 水体污染的危害

近些年，我国水体的水质状况总体上呈恶化趋势。1980 年全国污废水排放总量超过 310 亿立方米，2000 年为 620 亿立方米，2011 年为 807 亿立方米，呈逐年递增趋势。"十二五"期间，全国各地扎实推进水污染治理工作，其中取得明显成绩的有浙江省实施的"五水共治"，山东省构建的"治、用、保"流域治污体系，安徽省和浙江省在新安江流域实施的全国首个跨省流域上下游横向生态补偿试点等。虽然"十二五"期间水环境治理成绩显著，但由于之前水环境污染负债太多，部分区域仍存在排放不达标、排污布局与水环境承载能力不匹配等现象。2017 年，全国废水排放量为 777.4 亿立方米，比上年增加 2.03%。其中工业废水排放量为 182.9 亿立方米，比上年减少 4.26%，占污废水排放总量的 23.53%；城镇生活污水排放量为 588.1 亿立方米，比上年增加 5.07%，占污废水排放总量的 75.65%。《2018 中国生态环境状况公报》表明，我国的河流及湖库污染仍有很大的治理空间[6-7]。

1）水环境恶化威胁到国家的安全稳定

目前，全国七大水系中有三分之一的河段受到严重污染，80% 的城市河段水质普遍超标。例如，淮河在评价的 2 000 km 河段中，79% 的河段不符合饮用水标准，80% 的河段不符合渔业用水标准，32% 的河段不符合灌溉用水标准。受不洁饮用水的影响，一些地区癌症发病率高出其他地区十几倍到上百倍，甚至在淮河干流和支流出现了数十个"癌症村"。此外，全国饮用水源调查显示，全国约有 7 亿人饮用大肠菌群超标水，1.64 亿人饮用有机污染严重的水，3 500 万人饮用硝酸盐超标水。近年来我国伤寒、细菌性痢疾、传染性肝炎、腹泻等疾病屡有发生，都与水污染有关。我国是一个水资源短缺的国家，特别是北方地区，缺水问题已十分严重，水污染加剧了水资源的短缺,全国 500 多座城市中有 300 多座缺水,40 多座经常闹水荒。

2) 水环境污染给国民经济带来重大损失

近二十年来,在全国范围内水污染事故时有发生。据不完全统计,1993—2004年期间,全国共发生环境污染事故 21 152 起,其中特大事故 374 起,重大事故 566起,污染事故发展态势不容忽视。这些事故对工农业生产和人民生活造成了极大危害,直接经济损失达数百亿元。例如,1994 年淮河水污染事故造成直接经济损失约 2 亿元,沿淮水厂被迫停止供水达 54 天;2005 年 11 月 13 日发生的松花江水污染事故造成直接经济损失 6 900 万元,哈尔滨全城停止供水 4 天。另据对 15 个省市、29 条江河的不完全统计,平均每年发生大面积污染死鱼事故约 1 000 起,直接经济损失达 4 亿元。

3) 水环境恶化引发生态平衡破坏

我国湖泊普遍遭到污染,尤其是重金属污染和富营养化问题十分突出。例如,昆明市大量工业废水和生活污水排入滇池,致使滇池重金属污染和富营养化问题十分严重,藻类数量暴增,夏秋季 84% 的水面被藻类覆盖,作为饮用水源已有多项指标未达标。水污染使得滇池特产的银鱼大幅度减产,1987 年产量仅为最高年产量的 10%,鱼群种类减少,名贵鱼种绝迹。受水体富营养化的影响,汉江先后在1992 年、1998 年、2000 年、2002 年、2008 年发生了多次硅藻水华;太湖、巢湖、洪泽湖等淡水湖泊也多次爆发了蓝藻水华。同时由于水体污染,珠江、长江河口的溯河性鱼虾资源遭到破坏,产量大幅度下降,部分内湾渔场荒废[8]。

4) 饮用水安全问题危害人民身体健康

2001 年开展集中式饮用水水质月报的 46 座环境保护重点城市中,仅 28.3%的城市的饮用水水源地水质良好,26.1% 的城市水质较好,45.6% 的城市水质较差。到 2018 年,1 045 个集中式饮用水水源地的评价中,全年水质合格率在 80% 及以上的水源地占评价总数的 83.5%,与 2001 年相比已经大有提升,但全国尚有3.6 亿农村人口喝不上符合标准的饮用水。河流流域的环境污染导致沿岸的发病率明显高于水质好的河流流域沿岸,如淮河流域。

5.2.2　污水的基本概念

污水是人类生活、生产活动中用过的,并为生活废料或生产废料所污染的水。污水包括生活污水、工业废水、被污染的降水和流入排水管渠的其他污染水。

城市污水是排入城镇排水系统的污水的总称,是生活污水和工业废水的混合液,在合流制排水系统中还包括降水。不同城市所产生的城市污水因其生活污水和工业废水所占比例不同,水质存在一定的差异,主要受工业废水所占的比例影响,同时也与城市规模、居民生活习惯及生活水平、气候条件和排水系统的形式有关。

生活污水是人类日常生活中所用过,并为生活废料所污染的水,包括城市居民住宅排水(厨房、盥洗室、卫浴间、洗衣房等处的排水)、公共设施排水(饭店、宾馆、影剧院、体育场馆、机关、学校、商场等的排水)和工厂生活设施排水(厨房、浴室、卫生间、洗衣房、锅炉房等的排水)。

生活污水中有机物含量相对较高,主要由动植物蛋白、脂肪、洗涤剂、人体粪便、生活杂物等有机成分组成,其中含有许多细菌、病毒等。生活污水中除有机物外,还有一些无机物如泥沙、土壤颗粒、无机盐、酸、碱等。生活污水中有机污染物与无机污染物之间的含量之比大致为 55∶45。因此,生活污水的可生化性能好,可以选择生物化学处理工艺进行处理。此外,生活污水水质在一定时期内变化平缓,水质较稳定,而且浓度较低,易于处理。

工业废水是工厂的车间和厂矿在工业生产过程中产生和排放的水。按水质污染程度、产生的工艺等可分为生产污水和生产废水两大类。生产污水是在生产过程中被有机或无机废料所污染的水,其中也包括温度过高($>60℃$)造成热污染的工业废水。生产污水的污染程度较重,应根据污染物的不同,选择不同的处理工艺,达到排入市政管网的要求或其他用途要求。生产废水是在生产过程中未直接参与生产,在生产中只起辅助性作用的水,有的没有被污染物污染或只是被轻微污染,有的只是水温稍有升高。生产废水视排放要求可以进行简单处理或不需进行处理与雨水一起直接排放。

降水是指在地面上流泻的雨水、冰雪融化水。这类水虽然较清洁,但径流量大,在合流制排水系统中会对城市污水的水质和水量造成较大影响[9]。

5.2.3　水污染的分类

根据不同的方法,水污染可划分为以下不同的类型。

(1) 按照水的存在形式,水污染可划分为地表水污染和地下水污染。

(2) 按照水域,水污染可划分为河流污染、湖泊污染、水库污染、海洋污染等。

(3) 按照污染物,水污染可划分为汞污染、酚污染、有机物水污染、热污染等。

(4) 按照污染物的性质,水污染可划分为物理性污染、化学性污染、生物性污染三类。各类型水污染包含的污染物种类将在下一节中说明。

5.2.4　污染物及污染物类别

一般污水中的主要污染物可分为物理性污染物、化学性污染物和生物性污染物(见表 5-2)。

(1) 物理性污染物包括热污染、悬浮污染物和放射性污染物。

（2）化学性污染物包括无机无毒污染物、无机有毒污染物、有机无毒污染物（需氧有机污染物）、有机有毒污染物、油类污染物、营养性污染物。

（3）生物性污染物主要指废水中的致病性微生物，包括致病细菌、病虫卵和病毒。未污染的天然水中细菌含量很低，当城市污水、垃圾淋溶水、医院污水等排入后将带入各种病原微生物，如生活污水中可能含有能引起肝炎、伤寒、霍乱、痢疾、脑炎的病毒和细菌以及蛔虫卵和钩虫卵等。生物性污染物污染的特点是数量大，分布广，存活时间长，繁殖速度快。

表 5-2　水体污染物的类型及主要污染物

类　　型			主 要 污 染 物
物理性污染物	固体污染物		溶解性固体、胶体、悬浮物、尘土、漂浮物
	感官性污染物		胺、硫、醇、染料、色素、恶臭、肉眼可见物、泡沫等
	热污染		工业热水等
	放射性污染物		^{235}U、^{232}Th、^{226}Ra、^{90}Sr、^{137}Cs、^{289}Pu 等
化学性污染物	无机无毒物	微量金属	Fe、Cu、Zn、Ni、V、Co 等
		非金属	Se、N、B、C、Br、I、Si、CN^- 等
		酸、碱、盐污染物	HCl、H_2SO_4、HCO_3^-、HS^-、SO_4^{2-}、CO_3^{2-}、Cl^-、酸雨等
		硬度	Mg^{2+}、Ca^{2+}
	需氧有机物（有机无毒物）		碳水化合物、蛋白质、油脂、氨基酸、木质素等
	有毒物质	重金属	Hg、Cd、Pb 等
		非金属	F^-、CN^-、As
		有机物	酚、苯、醛、有机磷农药、多氯苯酚、多环芳烃等
	油类污染物		石油等
	营养性污染物		有机氮、有机磷化合物（洗涤剂）、砷、NO_3^-、NO_2^-、NH_4^+ 等
生物性污染物	病原微生物		细菌、病毒、病虫卵、寄生虫、原生动物、藻类等

根据不同的分类方法，水体中污染物的来源可以分为以下不同的类型。

（1）根据形成原因，水污染源可分为天然污染源和人为污染源。天然污染源包括大气沉降物、岩石风化、有机物自然降解以及水体由于自然灾害等原因所产生的放射性物质和硫化物、氟化物等。人为污染源包括工农业生产过程中产生的废水以及生活污水等。

（2）根据污染物属性分类，水污染源可分为物理性污染源、化学性污染源、生物性污染源（致病菌、寄生虫与卵）以及同时排放多种污染物的复合污染源等。

（3）根据污染源的空间分布方式，水污染源可分为点污染源（如城市污水、工矿企业和船舶等废水排放口)和非点污染源(如农田排水、地表径流)。

(4)根据受纳水体,水污染源可分为地面水污染源(河流污染源、湖泊污染源和水库污染源等)、地下水污染源、海洋污染源。地面水污染源还可根据污染源位置分为固定污染源和流动污染源。其中固定污染源数量多、危害大,是造成水污染的最主要污染源。

(5)根据人类社会活动,水污染源可分为工业污染源、农业污染源、交通运输污染源和生活污染源。其中,工业污染源是造成水污染的最主要来源,由于工业门类繁多,生产过程复杂,污染物种类多、数量大、毒性各异、不易净化,对水环境危害最大。

5.2.5 水污染指标

污水所含的污染物千差万别,可用分析和检测的方法对污水中的污染物做出定性、定量的检测以反映污水的水质。国家对水质的分析和检测制定了许多标准,其指标可分为物理性、化学性、生物性三大类。

1)物理性指标

水的物理性指标主要包括温度、色度、嗅和味、固体物质等几方面。

(1)温度 许多工业排出的废水都有较高的温度,这些废水排入水体使其水温升高,引起水体的热污染。水温升高影响水生生物的生存和对水资源的利用。氧气在水中的溶解度随水温的升高而减小,这样,一方面水中溶解氧减少,另一方面水温升高加速耗氧反应,最终导致水体缺氧或水质恶化。

(2)色度 纯净的天然水一般是清澈透明、无色的。但带有金属化合物或有机化合物等有色污染物的污水呈各种颜色。将有色污水用蒸馏水稀释后与参比水样对比,一直稀释到二者水样色差一致,此时污水的稀释倍数即为其色度。

(3)嗅和味 嗅和味与色度一样也是感官性指标,可定性反映某种污染物的量。天然水无嗅无味,当水体受到污染后会产生异味。水的异臭来源于还原性硫和氮的化合物、挥发性有机物和氯气等污染物。不同盐分会给水带来不同的异味,如氯化钠带咸味,硫酸镁带苦味,硫酸钙略带甜味等。

(4)固体物质 水中所有残渣的总和称为总固体(TS),总固体包括溶解物质(DS)和悬浮固体物质(SS)。水样经过过滤后,滤液蒸干所得的固体即为溶解性固体(DS),滤渣脱水烘干后即是悬浮固体(SS)。固体残渣根据挥发性能可分为挥发性固体(VS)和固定性固体(FS)。将固体在600℃的温度下灼烧,挥发掉的量即是挥发性固体(VS),灼烧残渣则是固定性固体(FS)。溶解性固体表示盐类的含量,悬浮固体表示水中不溶解的固态物质的量,挥发性固体反映固体中有机成分的量。水体含盐量多将影响生物细胞的渗透压和生物的正常生长,悬浮固体可能造成水道淤塞,挥发性固体是水体有机污染的重要来源。

2) 化学性指标

水的化学性指标主要包括有机物和无机性指标两方面。

(1) 有机物　生活污水和某些工业废水中所含的碳水化合物、蛋白质、脂肪等有机化合物在微生物作用下最终分解为简单的无机物质、二氧化碳和水等。这些有机物在分解过程中需要消耗大量氧气,故属于耗氧污染物。耗氧有机污染物是使水体黑臭的主要原因之一。

污水的有机污染物组成较复杂,现有技术难以分别测定各类有机物的含量,通常也没有必要。水体有机污染物的主要危害是消耗水中的溶解氧。在实际工作中一般采用生物化学需氧量(BOD)、化学需氧量(COD)、总有机碳(TOC)、总需氧量(TOD)等指标来反映水中需氧有机物的含量。其中 TOC 和 TOD 的测定都是燃烧化学氧化反应,前者测定结果以碳表示,后者则以氧表示。TOC 和 TOD 的耗氧过程与 BOD 的耗氧过程有本质的区别,而且由于各种水样中有机物质的成分不同,生化过程差别也比较大。各种水质之间 TOC 和 TOD 与 BOD 不存在固定的相关关系。在水质条件基本相同的条件下,BOD 与 TOC 或 TOD 之间存在一定的相关关系。

(2) 无机性指标　污水中的氮和磷是植物营养元素。从农作物生长角度看,植物营养元素是宝贵的物质,但过多的氮和磷进入天然水体却易导致富营养化。水体中氮和磷含量的高低与水体富营养化程度有密切关系,就污水对水体富营养化作用来说,磷的作用远大于氮。

pH 值指示水样的酸碱性。

重金属主要指汞、镉、铅、铬、镍以及类金属元素砷等生物毒性显著的元素,也包括具有一定毒害性的一般重金属,如锌、铜、钴、锡等。

3) 生物性指标

水的生物性指标主要包括细菌总数和大肠菌群两方面。

(1) 细菌总数　水中细菌总数反映了水体受细菌污染的程度。细菌总数不能说明污染的来源,必须结合大肠菌群数来判断水体污染的来源和安全程度。

(2) 大肠菌群　水是传播肠道疾病的一种重要媒介,而大肠菌群被视为最基本的粪便传染指示菌群。大肠菌群的值可表明水样被粪便污染的程度,间接表明有肠道病菌(伤寒、痢疾、霍乱等)存在的可能性。

5.2.6　我国水污染现状

随着排污量的日益增加,我国主要河流湖泊普遍受到污染。据统计,2018 年,全国全年水质为Ⅰ~Ⅲ类、Ⅳ~Ⅴ类、劣Ⅴ类的河长分别占评价河长的 81.6%、

12.9％和5.5％，主要污染项目为氨氮、总磷和化学需氧量。与2017年相比，Ⅰ～Ⅲ类水质的河长比例上升1.0个百分点，劣Ⅴ类水质的河长比例下降1.3个百分点。在全国10个水资源一级区中，按照污染程度由重到轻的顺序是海河区、淮河区、辽河区、黄河区、松花江区、长江区、东南诸河区、珠江区、西南诸河区、西北诸河区。2018年，对124个湖泊进行的水质评价中，Ⅰ～Ⅲ类、Ⅳ～Ⅴ类、劣Ⅴ类水质湖泊分别占评价湖泊总数的25.0％、58.9％和16.1％，主要污染项目为总磷、化学需氧量和高锰酸盐指数。121个湖泊营养状况评价结果显示，中营养湖泊占26.5％，富营养湖泊占73.5％。与2017年相比，Ⅰ～Ⅲ类水质湖泊比例下降1.6个百分点，劣Ⅴ类水质比例下降3.3个百分点，富营养湖泊比例下降1.7个百分点，其中河北的白洋淀，江苏的涌湖、洮湖，安徽的天井湖、巢湖，江西的西湖，湖北的南湖、南太子湖、墨水湖，云南的滇池、杞麓湖、异龙湖富营养化程度较重。2018年，对1 129座水库进行了水质评价，Ⅰ～Ⅲ类、Ⅳ～Ⅴ类、劣Ⅴ类水质的水库分别占评价水库总数的87.3％、10.1％和2.6％，主要污染项目是总磷、高锰酸盐指数和五日生化需氧量等。1 097座水库营养状况评价结果显示，中营养水库占69.6％，富营养水库占30.4％。与2017年相比，Ⅰ～Ⅲ类水质水库比例上升1.5个百分点，劣Ⅴ类水质比例持平，富营养比例上升3.1个百分点。从水功能区达标率来看，全国全年6 779个水功能区满足水域功能目标的有4 503个，占评价水功能区总数的66.4％，其中一级水功能区（不包括开发利用区）水质达标率为71.8％，二级水功能区水质达标率为62.6％。544个重要省界断面中，Ⅰ～Ⅲ类、Ⅳ～Ⅴ类、劣Ⅴ类水质断面比例分别占评价断面总数的69.9％、21.1％和9.0％。主要污染项目是总磷、化学需氧量和氨氮。与2017年相比，Ⅰ～Ⅲ类水质断面比例上升2.6个百分点，劣Ⅴ类水质比例下降3.9个百分点[10-11]。

我国有82％的人饮用浅井和江河水，其中细菌超过卫生标准的水域占75％，饮用受到有机物污染的饮用水的人口约有1.6亿。长期以来，人们一直认为自来水是安全卫生的。但是，因为水污染，如今的自来水已不能算是卫生的了。一项调查显示，在全球自来水中，测出的化学污染物有2 221种之多，其中有些确认为致癌物或促癌物。从自来水的饮用标准看，中国尚处于较低水平，仅能采用沉淀、过滤、加氯消毒等方法将江河水或地下水简单加工成自来水。自来水加氯可有效杀除病毒和细菌，同时也会产生较多的卤代烃化合物，这些含氯有机物含量成倍增加是人类患各种胃肠癌的根源。城市污水的成分十分复杂，受污染的水域中除重金属外，还含有农药、化肥、洗涤剂等有害残留物，即使把自来水煮沸了，上述残留物仍存在，还会使亚硝酸盐与三氯甲烷等致癌物增加，因此，饮用开水的安全系数也不高。最新资料透露，中国主要大城市只有23％的居民饮用水符合卫生标准，小城镇和农村饮用水合格率更低。多年来，中国水资源质量不断下降，水环境持续恶化，由于污染所导致的缺水和事故不断发生,不仅使工厂停产、农业减产甚至绝收,而且造成了不良的社会影响和较大的经济损失,严重威胁到社会的可持续发展,威胁到人类的生存。中国七大水系的污染程度按大小进行排序为辽河、海河、淮河、黄河、松花江、长江、珠江。综合考虑中国地表水资源质量现状,符合《地面水环境质量标准》的 Ⅰ、Ⅱ 类标准的河段只占 32.2%(河段统计),符合 Ⅲ 类标准的河段占 28.9%,属于 Ⅳ、Ⅴ 类标准的河段占 38.9%。如果将 Ⅲ 类标准也作为污染统计,则中国河流长度有 67.8% 被污染,约占监测河流长度的 $\frac{2}{3}$,由此可见中国地表水资源污染非常严重。

中国地下水资源污染情况也不容乐观。中国北方五省区和海河流域的地下水资源,无论是农村(包括牧区)还是城市,浅层水或深层水均遭到不同程度的污染。局部地区(主要是城市周围、排污河两侧及污水灌区)和部分城市的地下水污染比较严重,污染呈上升趋势。具体表现为,北方地区过量开采地下水,导致水位持续下降,引发了地面沉降、地面塌陷、地裂缝和海(咸)水入侵等地质环境问题,并形成地下水位降落漏斗。根据《全国地下水利用与保护规划》统计显示,全国地下水超采面积已达 24 万立方千米,涉及北京、天津、河北、山西、辽宁、吉林、江苏、山东、河南、陕西、新疆等 24 个省(市、自治区)。全国多数城市地下水受到一定程度的点源和面源污染,局部地区的部分指标超标,主要污染指标有矿化度、总硬度、硝酸盐、亚硝酸盐、氨氮、铁和锰、氧化物、硫酸盐、氟化物、pH 值等,而且地下水水质污染有逐年加重的趋势。在沿海地区,因地下水超采引起的海水入侵面积已经接近 2 500 km²。海水入侵使得内陆淡水含水层水体咸化,使用价值降低。2018 年,2 833 眼浅层地下水监测的水质评价显示,Ⅰ～Ⅲ 类、Ⅳ～Ⅴ 类、Ⅴ 类水质监测井分别占评价监测井总数的 23.9%、29.2% 和 46.9%。主要污染项目有锰、铁、总硬度、溶解性总固体、氨氮、氟化物、铝、碘化物、硫酸盐和硝酸盐等,其中锰、铁、铝等金属项目和氟化物、硫酸盐等无机阴离子项目可能受水文地质化学背景影响[12-13]。

5.2.7　历史重大水污染事件

自从人类社会进入工业革命以来,发生过众多由于工业污染而造成的水污染事件,给人类带来了难以弥补的伤害,其中较著名的就是 20 世纪中叶发生的水俣病、痛痛病和莱茵河水污染事件和"托里坎荣"号油船污染事件。

1) 水俣病

1956 年日本熊本县水俣镇一家氮肥公司排放的废水中含有汞,这些废水排入海湾后经过某些生物的转化,形成甲基汞。这些汞在海水、底泥和鱼类中富集,又经过食物链进入人体,使人中毒。当时,最先发病的是爱吃鱼的猫。中毒后的猫发疯痉挛,纷纷跳海自杀。没过几年,水俣地区几乎没有了猫的踪影。1956 年出现了与猫的症状相似的病人,因为开始病因不清,所以用当地地名命名。1991 年,日本环境厅公布的中毒病人仍有 2 248 人,其中 1 004 人死亡。

2)痛痛病

镉是人体不需要的元素。日本富山县的一些铅锌矿在采矿和冶炼中排放废水,废水排放使河流中积累了重金属镉。人长期饮用这样的河水,食用浇灌含镉河水生产的稻谷,就会得“痛痛病”。病人骨骼严重畸形、剧痛,身长缩短,骨脆易折。

3)剧毒物污染莱茵河事件

1986 年 11 月 1 日,瑞士巴塞尔市桑多兹化工厂仓库失火,近 30 吨剧毒硫化物、磷化物与含有水银的化工产品随灭火剂和水流入莱茵河。顺流而下的 150 千米内,60 多万条鱼被毒死,500 千米以内河岸两侧的井水不能饮用,河附近的自来水厂关闭,啤酒厂停产。有毒物沉积在河底,使莱茵河因此而“死亡”20 年。

4)“托里坎荣”号油船污染事件

1967 年 3 月 18 日,满载 11.7 万吨原油的船只在英国锡利群岛以东的七岩礁海域触礁,致使 8 万吨原油流入海中,留在船体内的原油被引爆,造成英国、法国海域原油污染,造成大量鱼贝类和海鸟死亡,赔偿金额达 720 万美元。这一事件后,海洋污染成为海事的重要问题。

5)其他

2000 年 1 月 30 日,罗马尼亚境内一处金矿污水沉淀池因积水暴涨发生温漫坝,10 多万升含有大量氰化物、铜和铅等重金属的污水冲泄到多瑙河支流蒂萨河,并顺流南下,迅速汇入多瑙河向下游扩散,造成河鱼大量死亡,河水不能饮用。匈牙利、南斯拉夫等国深受其害,国民经济和人民生活都遭受一定的影响,多瑙河流域的生态环境受到了严重破坏,并引发了国际诉讼。

1994 年 7 月,淮河上游的河南境内突降暴雨,颍上水库水位急骤上涨,超过防洪警戒线,因此开闸泄洪,将积蓄于上游一个冬春的 2 亿立方米水放了下来。水经之处河水浑浊,河面上泡沫密布,鱼虾顿时丧生。下游一些地方居民饮用了经自来水厂处理,但未能达到饮用水标准的河水后,出现恶心、腹泻、呕吐等症状。经取样检验证实上游来水水质恶化,沿河各自来水厂被迫停止供水达 54 天之久,百万淮河民众饮水告急,不少地方花高价远途取水饮用,有些地方出现居民抢购矿泉水的场面。

5.3 污染水体修复的一般原理

生态系统保护与修复应采取综合的技术与方法,可利用现有的设施或建设湿地保护区、治理水土流失、开展水污染防治(控制点源和非点源等)、清除内污染源

（受污染的淤泥二次释放、藻类和其他水生物残体等）、通过水工程科学调度调水释污、开展河道整治和水系调整、建设江河湖泊生态护坡护岸工程、建设滨水生态隔离带工程（包括滨水景观绿化带）、开展河道曝气、建设前置库等。

各项工程技术措施要进行合理的选配，同时要有相应的配套保障措施，确保工程技术措施的全面实施，发挥最大的水生态系统保护与修复效果。

目前国内外主要的水污染控制技术方法包括化学法、物理法和生物法，每种方法各有利弊，以下简单介绍各种方法的具体技术。

5.3.1　化学处理技术

化学处理技术包括化学絮凝、化学除藻、重金属化学固定。这些都是通过向水体投放化学药剂来改善水质的方法。化学处理技术见效快且方法简单，对改善水体富营养化和水体黑臭效果明显，目前很多城市都在应用。但是化学药剂容易在水体中富集，产生二次污染，从而影响水体的生态环境，而且一旦停止使用，水质很快又会变差，所以实践中应慎重应用化学处理技术，一般只作为水体应急的处理措施。

5.3.2　物理处理技术

物理处理技术包括截污、引水冲污、底泥疏浚和人工增氧，是目前我国城市应用的主要工程类方法。

1）截污

截污是内河整治的根本性措施，只有从源头上减少和控制污染物入河才能保证内河水质的改善，其他整治技术的应用才能有效。目前影响城市内河水质的污染源主要有工业污染、生活污染和农业污染，通过完善城市污水管网、实施工业用水达标排放以及就地处理技术等可以有效缓解污水入河现象。

2）引水冲污

引水冲污是指向城市内河引入较清洁的水，对水体中的污染物进行稀释、扩散和迁移，从而达到改善水体水质的目的。引水冲污对减轻水体黑臭现象有较好的效果。输入的清洁水源可以提高内河溶解氧的水平，促进水体和沉积物的生物氧化作用，减少表层底泥的还原性物质和营养盐的释放。内河引水冲污对改善水质有一定的效果，但需要考虑调水工程的投入，以及底泥污染物释放对调水效果减弱的影响程度。

3）底泥疏浚

河道底泥中富集了大量的污染物，并不断向水体中释放，加重了水体污染程度，降低了各项整治技术的效果，对底泥的处理已经引起了全世界的关注。底泥疏浚涉及对疏浚深度的把握和对底泥的处理两个问题。疏浚深度把握不好容易破坏底泥的生态，不仅达不到水质改善的目的，而且是一种资金的浪费。对底泥的处置要慎重,必须杜绝二次污染。杭州市中河经过疏浚后,水质未见明显改善,实验发现 30 cm 的疏浚深度对于改变上覆水体氧化还原电位、pH 值的效果不明显,对于改善上覆水的 COD_{Mn}、TN 和 TP 等特征值的效果也不明显[14]。

4) 曝气复氧技术

曝气复氧是通过用仪器设备向水体输入氧气,提高水体中氧气的含量,加速水体复氧,提高水体中好氧菌的活力,从而达到改善水质的做法。曝气复氧可以有效缓解和改善水体黑臭现象,在应对突发性和季节性河流黑臭问题时,曝气复氧是不错的选择。当水体区域面积较小或截污设备不完善时,可以选择曝气复氧技术。曝气复氧投资小、效果显著,目前正被广泛地应用。

5.3.3 生物处理技术

生物修复的作用原理是利用培育的植物或培养、接种的微生物的生命活动对水体中的污染物进行降解、转移和转化,从而使水体得到净化。生物处理技术主要包括微生物强化净化、水生植物净化与修复、生态浮岛净化与修复、水生动物净化与修复、底泥生物处理与修复、人工湿地净化、稳定塘净化、生物膜净化以及组合生物净化与修复等技术[15]。

1) 微生物强化净化技术

通过人工手段向水体投放微生物,提高水体中微生物的含量,利用微生物对水体中污染物的分解、吸收和转化,实现对水质的改善。微生物强化净化方法适用于相对比较封闭的环境,在保证外污染源被控制的前提下,能达到较好的治理效果,但要保证微生物适应河道的特点,不能对水中其他生物产生危害。

2) 水生植物净化技术

水生植物通过根部、茎叶实现对底泥的固定和对污染物的吸收。目前水生植物主要包括挺水植物、浮叶植物、漂浮植物和沉水植物,不同的植物对水中污染物的改善效果也不相同。因此,可以依据河流污染的特点选择合适的组合方式。水生植物的合理配置还能够起到美化水体环境的功效。

3) 生态浮岛净化技术

生态浮岛净化与修复是以水生植物为主,利用无土栽培技术在水面建立人工生态系统,材料包括浮岛的框架、植物浮床、水下固定装置和水生植被。水生植被通过吸附污染物净化水体,同时抑制藻类的光合作用,减轻藻类暴发的可能性。漂浮的生态床还可以为鸟类提供停留、栖息的空间,净化水质的同时美化环境,适合我国无滩涂的内河,具有较高的生态价值、经济价值和观赏价值。

4) 水生动物净化技术

水生动物是维系水体生态平衡不可缺少的一部分,它以水体中的细菌、藻类和有机物为食,减少水体中的悬浮物,提高水体的透明度。利用水生动物净化水体时要注意定时打捞,防止其过度繁殖,对水体造成污染;也可以通过打捞的方式将污染物通过水生动物从水体中去除。

5) 底泥生物处理技术

利用人工技术生产出对黑臭底泥有生物氧化作用的药物,将药物直接施加到底泥表面,经过氧化反应降低底泥中有机物的含量和耗氧速度,提高底泥对上覆水体中生物的降解能力,促进底泥微量营养释放和藻类生长,有效减少河道污染负荷,强化河道自净能力,有助于建立河道洁净、好氧的良性生态系统。

6) 人工湿地净化技术

人工湿地是在洼地中由土壤和填料组成填料床,并在表面种植水生植物形成的污水净化处理设施。污水在经过填料床时,基质层和植物茎叶及根系截留了污水中的悬浮物,并通过一系列化学反应去除污染物,去除效果取决于填料形成的基质层。例如,含有丰富有机物的土壤可以吸附各种污染物,含 $CaCO_3$ 较多的石灰石有助于磷的去除。

人工湿地是在相对独立的空间内形成的一个综合的生态系统,对污染水质的处理效果好,不但工艺简单,而且投资也少。水生植物的种植还能起到美化环境的作用,具有很好的环境效益、经济效益和社会效益。

7) 生物膜净化技术

生物膜净化是指以天然材料(如卵石)、合成材料(如纤维)为载体,为微生物提供附着基质,在载体表面形成表面积较大的生物膜,强化对污染物的降解作用。微生物通过生物膜表面进入膜内部,与膜内由微生物分泌的酶和催化剂发生化学反应,最终将生成物排出生物膜,达到改善水体的目的。生物膜法占用空间小,有机负荷高,处理效率快,在我国具有广阔的应用前景。

8) 组合生物净化技术

城市污染河流的治理十分复杂,单个技术的采用往往无法达到较好的治理效果,一条河流的整治经常需要各种技术的组合。结合河流的污染情况和修复要求,选择合适的技术组合对内河进行整治是目前治理河流的主流思想。

9) 生态河岸技术

生态河岸相对于硬质河岸而言,是一种回归自然的建设理念。该技术尽量保留河岸的原生态,保持水陆之间物质的交流。在进行生态护岸建设时应该掌握不同生物的生活习性,选择合适的工程材料,保证生物的栖息环境丰富,保持并提高生物的多样性。生态型河岸分为非结构性河岸和结构性河岸中的柔性护岸两类。

(1)非结构性河岸　非结构性护岸可分为自然缓坡式护岸和生物工程护岸。前者不需要过多的人工处理,按土壤自然安息角放坡,表面通过种植植被,铺设细沙、卵石形成草坡、沙滩或卵石滩;后者主要是在护岸植被形成前,对护岸进行人工加固和防冲蚀处理。主要选择自然界的原生物质作为材料对岸坡进行覆盖,并在岸边种植喜水植物,达到防护岸坡的目的。非结构性护岸具有很好的生态性、景观效果和经济性。

(2) 结构性河岸中的柔性护岸　这种护岸是按照力学原则,在结构性护岸建设的基础上结合植物种植形成的护岸。这种护岸不仅能够保证护岸的安全,还因为材料之间的空隙能够提供水陆之间的生态交换,有利于植物的生长和水生动物的栖居。柔性护岸的高度应该控制在 3 m 以内,高度大于 3 m 的用台阶代替。结构性河岸有良好的安全性和游憩功能[16]。

5.4　污染水体的防治与处理

我们生活的城市周围都会分布着各种规模的自然水源,如果江河或其分支的水受到了污染,那么沿江城镇和居民的生活水平将会受到极大的影响。城市周边的水体将会对周边区域的经济和社会发展产生巨大的影响。因此,进行水体污染的研究和防治具有较大的现实意义,并且能够在一定程度上促进我国环保事业的可持续发展。造成水体污染的原因多种多样,概括来说,各种诱发因素主要是通过对原本水体环境中的生物及物理、化学环境造成改变而造成了水体污染。常见的水体污染物按照类别可分为耗氧物质、富营养物质、有毒的有机化合物和无机金属离子等。

5.4.1　污水防治

"水污染防治"是指对水体因某种物质的介入,而导致其化学、物理、生物或者放射性等方面特性的改变,从而影响水的有效利用,危害人体健康或者破坏生态环境,造成水质恶化的现象的预防和治理。

1) 污染水体的防治现状

作为污染防治攻坚战的重要领域之一,目前,我国污染水体的防治工作正进入攻坚期。当前水污染防治已初步取得积极进展,但面临的形势依然十分严峻。

以地方具体行动作为水污染防治的最直接表现,截至 2017 年底,全国 338 个地级及以上城市集中式饮用水水源保护区中,97.7% 完成了保护区标志设置,完成了长江经济带 319 个地级及以上城市饮用水水源地 490 个环境违法问题的清理整治。全国 295 个地级及以上城市共排查确认黑臭水体 2 100 个,94.3% 已经开工整治。与此同时,全国水环境质量总体保持了持续改善的势头,2017 年,全国地表水国控断面Ⅰ～Ⅲ类比例同比增加 0.1 个百分点,劣Ⅴ类比例同比减少 0.3 个百分点。不难看出,我国水污染防治情况整体向好。

对于水污染治理而言,一方面要解决发展不充分的问题,如地方城市存量管网改造、维护,环境治理"水处理＋智慧城市和数字城市""水处理＋生态景观"等。另一方面还要解决发展不平衡的问题,特别是农村农业水处理和污染防治相关的项目。同时,不容忽视的是目前水环境治理方面还存在诸多重厂轻网、污水收集系统效率低下、进水浓度低等较为严重的问题。

数据显示,2007—2017 年,我国城镇污水处理厂数量和处置规模不断增长,进水平均 COD 却越来越低。2017 年全国 31 个省市中进水平均 COD 低于 350 mg/L 的有 24 个。

2)污染水体的防治对策

我国污染水体的防治对策主要包括以下几个方面。

(1)采取紧急而切实的行动,对已经受到严重污染的渭河和黄河干流进行水污染综合防治。造成渭河和黄河干流污染问题的主要原因是在相当一段时间内,我们还在走"只顾发展,不顾环境",或者是"先发展,后治理"的道路。这条道路急功近利,破坏性利用资源,污染环境,不仅危害到了当代人类,而且危及子孙后代。

克服这一危机的根本途径是改变发展模式,走可持续发展的道路。具体来说,为了救活渭河,保护黄河,需要采取综合治理措施,严格控制沿岸的污染物排放总量,从末端治理向源头控制转变。第一步是要调整产业结构,对于新的开发项目,必须制订发展规划,开展环境影响评价,坚决不采用资源消耗多、污染排放量大的工业企业项目,并要坚决淘汰已有的污染严重项目,要杜绝东部地区淘汰的污染企业西迁。

(2)采取预防为主的方针,在西部大开发的过程中防止水污染处于中等水平和尚未受到明显污染的地区的水污染态势的加重。如果从工业化起步时就开始注意把工业发展与环境保护协调起来,遵循可持续发展的战略,走新型工业化的道路,西北地区就能健康发展。

具体地讲,新疆乌鲁木齐市、甘肃白银市以及陕西铜川市等城市和地区,应在对原有污染源尽快采取综合治理措施的同时,严格把住新建项目关,做到在"还清老账"的同时确保"不欠新账",使大多数属于Ⅴ类水质的河流得到改善。对于人烟稀少、河流水质保持在Ⅱ和Ⅲ类的城市和地区,则应一步到位,跨越传统发展的模式,直接按照新型工业化道路的要求实现发展经济的目标。

(3)大力推行清洁生产,争取实现工业用水量和工业废水排放量的零增长和有毒、有害污染物的零排放。工业污染的控制是水污染防治中十分重要的一环,在我国西北地区的发展中应提出实现工业废水排放量零增长的要求。西北地区一些先进企业的实践已经证明了实现该目标的可能性。

在黄河流域除了发现有机污染和氨氮外,还发现了有毒有害的酚、石油及汞等污染物,其中酚的主要排放户是化工行业、造纸行业和冶炼行业,石油类污染的主要污染源是矿山开采、化工行业和冶炼行业,汞则主要来自冶炼行业和矿山开采。这些行业必须迅速革新工艺,改进管理,彻底消除上述有毒有害物质的排放。

(4)加大城市污水处理力度,提高污水回收利用率,为西北地区开发提供稳定可靠的水资源,促进经济的发展和保障人民的需要。城市污水经过妥善处理后完全可以回收利用于工业、农业、市政等,应该在严重缺水的西北地区加快城市污水处理的速度,使受到严重污染的地区尽快提高处理后污水的利用率,尽快摆脱污染的局面。

城市污水处理厂的建设必须与城市污水收集管网的建设同步进行,以免重复东部地区很多城市犯过的错误,即由于管网系统建设的滞后而使污水处理厂的功能得不到发挥。

城市污水处理工艺技术的选择十分重要,不应照抄、照搬东部地区甚至国外的先进工艺技术,西北地区地广人稀,可注重采用适合西部地区自然条件的污水天然净化系统,例如各种类型的土地处理系统和氧化塘系统。

(5)加强面源污染控制,规范农药、化肥使用。西北地区农业用水量占总用水量的89.3%,农牧业带来的污染不容忽视。国家应出台政策规范和限制农牧业农药、化肥的使用种类及使用量,大力扶植生态农业。这不仅关系到西北地区水污染的控制,也关系到西北农产品的安全和人民的健康。

5.4.2 污水处理

国家计委1983年10月4日颁发的《基本建设设计工作管理暂行办法》(计设[1983]1477号)中明确规定,设计工作的基本任务是要做出体现国家有关方针、政策,切合实际,安全适用,技术先进,经济效益、社会效益、环境效益好的设计,为我国社会主义现代化建设服务。因此,必须紧紧围绕上述基本任务,确定污水处理工程设计原则[17]。

1)清污分流,分质处理

一个地区或一个企业产生的污水,其水质差别很大。因此,从排水系统划分上,就应该执行清污分流的原则,科学地划分系统。采取分质处理既可以提高最终处理效果,又可节省处理费用,降低能耗。如果将含酸废水、含碱废水、含硫废水与生活污水、清净污水等混合在一起,水量大,污染物种类多,浓度因稀释而降低,但又不能达标,这种水十分难处理。如果分质处理单一污染物的少量污水,则简单、方便、处理效果好,并且节省处理费用。

2)局部处理与集中处理相结合

局部处理就是要搞好污水的分级控制和污染源的局部预处理,对含有特殊污染物的污水回收其有用的物料,综合利用,最后加强集中处理,既降低了物料损耗,又降低了能耗及处理成本。

比如,从炼油工艺过程的电脱盐排水、油晶冷凝排水、油罐切水中回收油;用气相抽提法从含硫废水中回收 H_2S、NH_3;用萃取法从废碱液中回收环烷酸;从含酚废水中回收酚;用蒸馏分离预处理方法从甲醇废水中回收甲醇;用酸化沉淀法处理回收废水中的对苯二甲酸等。经局部处理后,可将废水中高浓度的特殊污染物回收,然后进行集中处理,可以大大减少集中处理的难度及成本。

3) 技术先进,经济合理,运转可靠

这是选择污水处理流程的关键,又是污水处理的灵魂。

技术先进不是一味地追求高、新、奇,而是针对污水本身的性质,采用最简捷、成熟的处理手段,实行有效处理,使之达标排放,同时,不得产生二次污染。这样的技术自然是先进的,在经济上也应该是合理的,并能保证长期、安全、平稳地运行。

要贯彻上述原则,应该进行多方案的技术经济比较,不断优化设计方案,使之臻于完善。

4) 处理后的污水再资源化回用

污水处理如果仅仅以达标排放为目的则远远不够。为了最大限度地利用水资源,必须开源节流,将处理后的污水最大限度地予以回用,这是污水处理工程设计必须遵守的一项原则。在这方面,我国已经取得了很大进展。比如,将城市污水处理后作为中水回用;炼油工艺过程产生的含硫、含氨废水,经气相抽提法脱除 H_2S、NH_3 后,虽然还不能达标排放,但是可以回用作电脱盐的注水和富气水洗水;将延迟焦化装置的冷焦水、切焦水经隔油、沉淀、过滤后,闭路循环使用;将二级处理后的污水作为污水处理滤池的反冲洗水及瓦斯罐、火炬水封罐的补充水等。目前,为了扩大回用水的范围,正在建设中水回用系统,如将二级处理后的污水经深度处理后用作循环水、补充用水等。

5) 达标排放,保护环境

执行上述诸项设计原则就是为了实现达标排放、保护环境的最终目标。而达标排放、保护环境本身也是污水处理工程设计的一项原则,它要求必须在污水工程设计中采取一切可能的保证措施,实现达标排放。比如,设置必要的调节、均质设施,连通超越管线,采取绿化消防,仪表自控,污水外排前的监控以及未达标污水返回重新进行处理的措施等,必须在设计中考虑周全,只有这样,才能实现达标排放、保护环境的目标[18-19]。

根据国家《建设项目环境保护管理条例》的有关规定,污水处理工程设计应以批准后的建设项目可行性研究报告和该项目的环境影响报告书的结论为依据,必须严格执行。未经原批准机关同意,任何单位和个人不得擅自进行设计。

一个地区或一个企业项目的可行性研究报告和环境影响报告书是全面规划的产物,经上级主管部门批准后,具备了法律性质。其结论中规定的污水处理厂的规模、目标、要求甚至外排污染物总量的控制值等,都是在全面规划的前提下得出的,在污水处理厂设计中,不得有丝毫的违反和修正。

在污水处理厂具体设计过程中,还应充分考虑近期需要与远期发展相结合的问题。比如,在平面布置上应留有一定的扩建余地;在选择处理流程和处理构筑物时,应尽量留有将来增扩、改进的可能性,以适应不断发展的技术水准和排放标准。

5.5 各类污水中的目标污染物及排放标准

中国是全球水污染最严重的国家之一,全国多达 70% 的河流、湖泊和水库均受到影响。一项全国性调查表明,在 2018 年排入各种水体的有机污染物(以化学需氧量表示)中,近 20% 源自工业。这些工厂致使重要水资源遭受污染,研究表明,中国 20%~30% 的水污染是由于制造出口商品而造成的。《污水综合排放标准》(GB 8978—1996)中规定了 69 种水污染物的允许排放浓度,主要为传统的、大家已熟知的污染物。然而,随着中国成为全世界发展最快的大型经济体,各类工业排放的化学品也随之增加,一些有毒有害的有机污染物尤其令人担忧。这些有毒有害物质一旦排放到环境中,会对人类健康和生态系统构成长期威胁。许多国家都禁止或限制这些有毒有害物质,但是在我国尚未将其全部列为禁止或严格限制物质,也未列入相关行业废水排放标准监测污染物名单中,且污水处理厂的处理工艺也还未针对这些物质进行相关设计。企业可以委托环境保护部门或第三方检测机构如 SGS 进行废水限用物质检测,获取各类限用物质的检测数据,了解生产过程中的各类用水特征,为消除有毒有害化学品排放、减少工业水污染危害而努力。

5.5.1 各类污水中的目标污染物

城市污水的主要组成是各种生活污水、工业废水和城市降雨径流。城市污水中 90% 以上是水,其余是固体物质,除含有较高的有机物以及氮、磷等无机物,还含有病原微生物和较多的悬浮物及重金属等。

1) 生活污水

生活污染源是指由人类消费活动产生的污水,城市和人口密集的居住区是主要的生活污染源。人们生活中产生的污水包括由厨房、浴室、厕所等场所排出的污水和污物。生活污水中的污染物按形态可分为① 不溶物质,这部分约占污染物总量的 40%,它们或沉积到水底或悬浮在水中;② 胶态物质,约占污染物总量的 10%;③ 溶解质,约占污染物总量的 50%。这些物质多为无毒,含无机盐类氯化物、硫酸盐、磷酸和钠、钾、钙、镁等重碳酸盐。有机物质有纤维素、淀粉、脂肪、蛋白质和尿素等。此外,还含有各种微量金属和各种洗涤剂、多种微生物。

2) 工业废水

工业废水(industrial wastewater)包括生产废水、生产污水及冷却水,是指工业生产过程中产生的废水和废液,其中含有随水流失的工业生产用料、中间产物、副产品以及生产过程中产生的污染物(见表 5-3)。工业废水种类繁多,成分复杂。例如电解盐工业废水中含有汞,重金属冶炼工业废水含铅、镉等各种金属,电镀工业废水中含氰化物和铬等各种重金属,石油炼制工业废水中含酚,农药制造工业废水中含有各种农药等。由于工业废水中常含有多种有毒物质,污染环境,并且对人类健康有很大危害,因此要开发综合利用,化害为利,并根据废水中污染物成分和浓度,采取相应的净化措施进行处置后才可排放。

表 5-3　工业废水中的主要污染物

工 业 部 门	废水中主要污染物
化学工业	各种盐类、Hg、As、Cd、氰化物、苯类、酚类、醛类、醇类、油类、多环芳烃等
石油化学工业	油类、硫化物
有色金属冶炼	酸、重金属 Cu、Pb、Zn、Hg、Cd 等
钢铁工业	酚类、氰化物、多环芳烃、油类、酸
纺织印染工业	染料、酸、碱、硫化物、各种纤维素悬浮物
制革工业	铬、硫化物、盐、硫酸、有机物
造纸工业	碱、木质素、酸、悬浮物等
采矿工业	重金属、酸、悬浮物等
火力发电	冷却水的热污染、悬浮物
核电站	放射性物质、热污染
建材工业	悬浮物
食品加工工业	有机物、细菌、病毒

5.5.2　水污染物的排放标准

水污染物排放标准是在法律允许范围内,对水污染物排放行为所做的限制性的技术规定。水污染物排放标准与水环境质量标准、水污染物环境监测规范共同构成了我国水环境保护标准体系。

1) 控制项目及分类

根据污染物的来源及性质,污染物控制项目分为基本控制项目和选择控制项目两类。基本控制项目主要包括城镇污水处理厂一般处理工艺可以去除的常规污染物,以及部分一类污染物,共计 19 项;选择控制项目包括对环境有较长期影响或毒性较大的污染物,共计 43 项。基本控制项目必须执行;选择控制项目由地方环境保护行政主管部门根据污水处理厂接纳的工业污染物的类别和水环境质量要求选择控制。

2) 标准分级

根据城镇污水处理厂排入地表水域的环境功能和保护目标,以及污水处理厂的处理工艺,基本控制项目的常规污染物标准值分为一级标准、二级标准、三级标准。一级标准分为 A 标准和 B 标准。一类重金属污染物和选择控制项目不分级。

一级标准的 A 标准是城镇污水处理厂出水作为回用水的基本要求。当污水处理厂出水引入稀释能力较小的河湖作为城镇景观用水和一般回用水等用途时,执行一级标准的 A 标准;城镇污水处理厂出水排入国家和省确定的重点流域及湖泊、水库等封闭、半封闭水域时,执行一级标准的 A 标准;排入《地表水环境质量标准》(GB 3838—2002)规定的地表水Ⅲ类功能水域(划定的饮用水源保护区和游泳区除外)、《海水水质标准》(GB 3097—1997)规定的海水二类功能水域时,执行一级标准的 B 标准。

城镇污水处理厂出水排入 GB 3838 地表水Ⅳ、Ⅴ类功能水域或 GB 3097 海水三、四类功能海域,执行二级标准。

非重点控制流域和非水源保护区的建制镇的污水处理厂,根据当地经济条件和水污染控制要求,采用一级强化处理工艺时,执行三级标准。但必须预留二级处理设施的位置,分期达到二级标准。

3) 标准值

城镇污水处理厂水污染物排放基本控制项目执行如表 5-4 和表 5-5 所示的规定,选择控制项目按表 5-6 的规定执行。

表 5-4　基本控制项目最高允许排放浓度(日均值)　　　　　　单位:mg/L

| 序号 | 基本控制项目 | 一级标准 | | 二级标准 | 三级标准 |
		A 标准	B 标准		
1	化学需氧量(COD)[①]	50	60	100	120
2	生化需氧量(BOD_5)[②]	10	20	30	60
3	悬浮物(SS)	10	20	30	50
4	动植物油	1	3	5	20
5	石油类	1	3	5	15
6	阴离子表面活性剂	0.5	1	2	5
7	总氮(以 N 计)	15	20	—	—
8	氨氮(以 N 计)	5(8)[③]	8(15)	25(30)	—

（续表）

序号	基本控制项目		一级标准		二级标准	三级标准
			A标准	B标准		
9	总磷	2005年12月31日前建设的	1	1.5	3	5
	（以P计）	2006年1月1日起建设的	0.5	1	3	5
10	色度（稀释倍数）		30	30	40	50
11	pH			6～9		
12	粪大肠菌群数/（个/升）		10^3	10^4	10^4	—

说明：①② 在下列情况下按去除率指标执行：当进水 COD 大于 350 mg/L 时，去除率应大于 60%；当进水 BOD_5 大于 160 mg/L 时，去除率应大于 50%。③ 括号外数值为水温＞120℃时的控制指标，括号内数值为水温≤120℃时的控制指标。

表 5-5　部分一类污染物最高允许排放浓度（日均值）　　单位：mg/L

序号	项　目	标　准　值
1	总　汞	0.001
2	烷基汞	不得检出
3	总　镉	0.01
4	总　铬	0.1
5	六价铬	0.05
6	总　砷	0.1
7	总　铅	0.1

表 5-6　选择控制项目最高允许排放浓度（日均值）　　单位：mg/L

序号	选择控制项目	标准值	序号	选择控制项目	标准值
1	总镍	0.05	14	总硝基化合物	2.0
2	总铍	0.002	15	有机磷农药（以P计）	0.5
3	总银	0.1	16	马拉硫磷	1.0
4	总铜	0.5	17	乐果	0.5
5	总锌	1.0	18	对硫磷	0.05
6	总锰	2.0	19	甲基对硫磷	0.2
7	总硒	0.1	20	五氯苯酚	0.5
8	苯并（a）芘	0.000 03	21	三氯甲烷	0.3
9	挥发酚	0.5	22	四氯化碳	0.03
10	总氰化物	0.5	23	三氯乙烯	0.3
11	硫化物	1.0	24	四氯乙烯	0.1
12	甲醛	1.0	25	苯	0.1
13	苯胺类	0.5	26	甲苯	0.1

（续表）

序号	选择控制项目	标准值	序号	选择控制项目	标准值
27	邻二甲苯	0.4	36	苯酚	0.3
28	对二甲苯	0.4	37	间甲基苯酚	0.1
29	间二甲苯	0.4	38	2,4-二氯酚	0.6
30	乙苯	0.4	39	2,4,6-三氯酚	0.6
31	氯苯	0.3	40	邻苯二甲酸二丁酯	0.1
32	1,4-二氯苯	0.4	41	邻苯二甲酸二辛酯	0.1
33	1,2-二氯苯	1.0	42	丙烯腈	2.0
34	对硝基氯苯	0.5	43	可吸附有机卤化物（AOX,以 Cl 计）	1.0
35	2,4-二硝基氯苯	0.5			

依据地表水水域环境功能和保护目标,地表水按功能划分为五类。

（1）Ⅰ类　主要适用于源头水、国家自然保护区。

（2）Ⅱ类　主要适用于集中式生活饮用水地表水源地一级保护区、珍惜水生生物栖息地、鱼虾类产卵场、仔稚幼鱼的梭饵场等。

（3）Ⅲ类　主要适用于集中式生活饮用水地表水源地二级保护区、鱼虾类越冬场、洄游通道、水产养殖区等渔业水域及游泳区。

（4）Ⅳ类　主要适用于一般工业用水区及人体非直接接触的娱乐用水区。

（5）Ⅴ类　主要适用于农业用水区及一般景观要求水域。

对应地表水上述五类水域功能,将地表水环境质量标准基本项目标准值分为五类,不同功能类别分别执行相应类别的标准值（见表 5-7）。水域功能类别高的标准值严于水域功能类别低的标准值。同一水域功能与达到功能类别标准为同一含义。

表 5-7　地表水环境质量标准基本项目标准限值　　　　　单位：mg/L

序号	项　　　目	Ⅰ类	Ⅱ类	Ⅲ类	Ⅳ类	Ⅴ类
1	水温/℃	人为造成的环境水温变化应限制在：周平均最大温升≤1;周平均最大温降≤2				
2	pH 值	6~9				
3	溶解氧≥	饱和率为90%（或 7.5）	6	5	3	2
4	高锰酸盐指数≤	2	4	6	10	15
5	化学需氧量(COD)≤	15	15	20	30	40
6	五日生化需氧量(BOD$_5$)≤	3	3	4	6	10

（续表）

序号	项　目	Ⅰ类	Ⅱ类	Ⅲ类	Ⅳ类	Ⅴ类
7	氨氮(NH_3-N)≤	0.15	0.5	1.0	1.5	2.0
8	总磷(以 P 计)≤	0.02(湖、库 0.01)	0.1(湖、库 0.025)	0.2(湖、库 0.05)	0.3(湖、库 0.1)	0.4(湖、库 0.2)
9	总氮(湖、库以 N 计)≤	0.2	0.5	1.0	1.5	2.0
10	铜≤	0.01	1.0	1.0	1.0	1.0
11	锌≤	0.05	1.0	1.0	2.0	2.0
12	氟化物(以 F 计)≤	1.0	1.0	1.0	1.54	1.5
13	硒≤	0.01	0.01	0.01	0.02	0.02
14	砷≤	0.05	0.05	0.05	0.1	0.1
15	汞≤	0.000 05	0.000 05	0.000 1	0.001	0.001
16	镉≤	0.001	0.005	0.005	0.005	0.01
17	铬(六价)≤	0.01	0.05	0.05	0.05	0.1
18	铅≤	0.01	0.01	0.05	0.05	0.1
19	氰化物≤	0.005	0.05	0.2	0.2	0.2
20	挥发酚≤	0.002	0.002	0.005	0.01	0.1
21	石油类≤	0.05	0.05	0.05	0.5	1.0
22	阴离子表面活性剂≤	0.2	0.2	0.2	0.3	0.3
23	硫化物≤	0.05	0.1	0.2	0.5	1.0
24	粪大肠菌群(个/升)≤	200	2 000	10 000	20 000	40 000

5.6　水样的采集、运输和保存

对于水质检测工作来讲,水样的采集和保存对确保检测数据的准确性和公正性有着重大意义。除了在现场进行的检测项目外,其余的检测项目从水样的采集、保存到最后的检测都有一定的时间。在这段时间内,如何保证水质的稳定是水质分析人员关心的问题。

5.6.1　水样的采集

农田生态系统中的水样一般有雨水、灌溉水、径流水和土壤渗漏水等,应根据研究的要求按规定进行采样。雨水可取自气象站量雨筒中,或把容器放置于露天,待降雨时接收水样;灌溉水的采集宜在灌水沟渠中进行,或在水库、山塘、河流、水井等水源处取样,注意不要在施过肥的稻田中取样;径流水可取自测量径流量设施的出水口;土壤渗漏水可以通过埋设地下排水管或建立排水采集器采集。

不同水样的采集方法也不相同,具体如下。

(1)表层水样:用桶、瓶直接采集,一般将其沉至水面下0.3~0.5 m处采集。

(2)深层水样:用重锤采样器沉入水中采集。将采样容器沉降至所需深度(可从绳上的标度看出),上提细绳打开瓶塞,待水样充满容器后提出。

(3)急流水样:用急流采样器,沉入水中隔绝空气采集。适用于水流量较大的河流、渠道等采样水体。采集时,打开铁框的铁栏,将样瓶用橡皮塞塞紧,再把铁栏扣紧,沿船身垂直方向伸入水深处,打开钢管上部橡胶管的夹子,水样便从橡胶管流入样瓶中,瓶内空气由短玻璃管沿着橡皮管排出。

(4)测定溶解气体的水样:用双瓶采样器,沉入水中密封采集。适用于测定溶解气体(如溶解氧)项目的水样采集。将采样器沉入要求的水深后,打开上部的橡胶管夹,水样进入小瓶并将空气驱入大瓶,从连接短玻璃管的橡胶管排出,直到大瓶中充满水样,提出水面后迅速密封。

(5)其他:用深层、电动、自动、连续自动定时采水器等。

5.6.2　水样的运输和保存

由于从采集地到分析实验室有一定的距离,各种水质的水样在运送的时间里都会由于物理、化学和生物的作用而发生各种变化。为了使这些变化降到最低程度,需要采取必要的保护性措施(如添加保护性试剂或制冷剂等),并尽可能缩短运输时间(如采用专门的汽车、卡车甚至直升机运送)。

1)水样的运输管理

在水样的运输中要做好样品的记录,贴好标签,24小时内运送到实验室。在水样的运输管理中,特别要注意以下四点。

(1)防震　为避免水样在运输过程中因震动、碰撞导致损失或者沾污,将其装箱,并用泡沫塑料或者纸条挤紧,在箱顶贴上标记。

(2)防沾污　塞紧试样瓶盖,必要时要用封口胶。

(3)低温　低于采样水体温度条件,对于需冷藏的水样,应采取制冷保存措施;冬季应采取保温措施,以免冻裂样品瓶。

(4)避光　为防水样发生对光敏感的化学反应或者其他变化,在运输途中应避免日光直接照射。

2)水样的保存

采取适当的保护措施虽然能够降低待测成分的变化程度或减缓变化的速度,但并不能完全预防这种变化。水样保存的基本要求只能是应尽量减少其中各种待测组分的变化,要求做到减缓水样的生物化学作用,减缓化合物或络合物的氧化还原作用,减少被测组分的挥发损失,避免因沉淀、吸附或结晶物析出引起的组分变化。

水样主要的保护性措施如下。

(1) 保存要求：不发生物理、化学、生物变化；不损失组分；不沾污(不增加待测组分和干扰组分)。

(2) 对容器的要求：使用性能稳定、杂质含量低的材料,例如硼硅玻璃、石英、聚乙烯和聚四氟乙烯。

(3) 保存时间要求：清洁水样的保存时间不超过 72 h,轻污染水样的保存时间不超过 48 h,严重污染水样的保存时间不超过 12 h；运输时间在 24 h 以内。

(4) 水样的保存方法：① 冷藏或冷冻法,冷藏或冷冻的作用是抑制微生物活动,减缓物理挥发和化学反应速度；② 加入化学试剂保存法,包括加入生物抑制剂、调节 pH 值、加入氧化剂或还原剂。

参 考 文 献

[1] 左其亭,窦明,吴泽宁.水资源规划与管理[M].北京：中国水利水电出版社,2005：13-18.

[2] 刘满平.水资源利用与水环境保护工程[M].北京：中国建材工业出版社,2005：20-42.

[3] 侯晓虹,张聪璐.水资源利用与水环境保护工程[M].北京：中国建材工业出版社,2015：15-26.

[4] 田禹,王树涛.水污染控制工程[M].北京：化学工业出版社,2011：40-66.

[5] 雒文生,李怀恩.水环境保护[M].北京：水利水电出版社,2009：42-50.

[6] 陈震.水环境科学[M].北京：科学出版社,2006：18-33.

[7] 中华人民共和国生态环境部.2018 中国生态环境状况公报[R].北京：中华人民共和国生态环境部,2019：11-22.

[8] 李健,高沛峻.污水处理技术[M].北京：中国建筑工业出版社,2005：22-40.

[9] 赵景联.环境修复原理与技术[M].北京：化学工业出版社,2006：18-38.

[10] 田禹,王树涛.水污染控制工程[M].北京：化学工业出版社,2011：23-45.

[11] 中华人民共和国水利部.2017 年中国水资源公报[R].北京：中华人民共和国水利部,2018：3-4.

[12] 王良均,吴孟周.污水处理技术与工程实例[M].北京：中国石化出版社,2007：15-28.

[13] 中华人民共和国水利部.2018 年中国水资源公报[R].北京：中华人民共和国水利部,2019：3-5.

[14] 吴国琳.水污染的监测与控制[M].北京：科学出版社,2004：22-60.

[15] Hasan H A, Muhammad M H, Ismail N I. A review of biological drinking water treatment technologies for contaminants removal from polluted water resources[J]. Journal of Water Process Engineering, 2020, 33(1)：1-16.

[16] 蔡清明.生态演替式水体修复技术在卫河邯郸段污水处理中的应用[D].邯郸：河北工程大学,2010：30-52.

［17］蒋利伟.复合生态技术处理农村生活污水的研究［D］.郑州：郑州大学,2011：16-67.

［18］谭永兴.高效生物生态-过滤复合技术在园林景观水处理工程中的分析应用［J］.中外建筑,2010(6)：212-214.

［19］范奕齐.宁波市内河水环境综合整治研究［D］.宁波：宁波大学,2011：22-40.

第6章 水体环境修复技术

水体环境修复指依靠生态系统的工作机理,运用相关的技术方法,改善水的质量,以求达到修复生态的目的,使其中的各种生物及其系统都能够做到自我修复和调整,最终达到和谐状态。而水体环境是一个复杂的体系,由多个结构构成,不仅包括存在于其中的水体,还包括与之息息相关的其他生物、地理环境等。对于流域水环境修复而言,要处理好多个方面的问题,比如河流、湖泊、湿地。在水环境修复的过程中,需要保护周围环境。水环境修复比传统环境工程需要的专业面更广,包括环境工程、土木工程、生态工程、化学、生物学、毒理学、地理信息和分析监测等,需要将环境因素融入技术中。

6.1 水体生态修复技术

水体生态修复技术是一门以生态学为核心的综合工程技术,即利用植物或微生物对水体中的污染物进行处理,从而使水体得到净化,这一用生态-生物的方法来修复水体的技术廉价实用,适合于我国江河湖库大范围的治理。

6.1.1 生物膜法处理技术

生物膜法是属于好养生物处理的方法,是指用天然材料(如卵石)、合成材料(如纤维)为载体,将污水通过好氧微生物和原生动物、后生动物等在载体填料上生长繁殖形成的生物膜,使污水得到净化的方法。生物膜表面积大,可为微生物提供较大的附着表面,有利于加强吸附和降解有机物。

6.1.1.1 技术的基本原理

根据装置的不同,生物膜法可分为生物滤池、生物转盘、接触氧化法和生物流化床四类。在石油和化学工业的废水处理中,应用最多的是接触氧化法。

1)生物膜的构造特征

生物膜是由高度密集的好氧菌、厌氧菌、兼性菌、真菌、原生动物以及藻类等组成的生态系统,其附着的固体介质称为滤料或载体。生物膜自滤料向外可分为厌

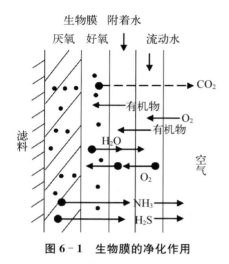

图 6-1　生物膜的净化作用

氧层、好氧层、附着水层（高亲水性）、流动水层（见图 6-1）。

2）降解有机物的机理

微生物在填料表面附着形成生物膜后，由于生物膜的吸附作用，其表面存在一层薄薄的水层，水层中的有机物已经被生物膜氧化分解，故水层中的有机物浓度比进水低得多，当废水从生物膜表面流过时，有机物就会从运动着的废水中转移到附着在生物膜表面的水层中去，并进一步被生物膜所吸附。同时，空气中的氧也经过废水进入生物膜水层并向内部转移（见图 6-1）。具体过程如下。

（1）微生物：沿水流方向为细菌、原生动物、后生动物的食物链或生态系统。具体生物以菌胶团为主，辅以球衣菌、藻类等，含有大量固着型纤毛虫（钟虫、等枝虫、独缩虫等）和游泳型纤毛虫（楯纤虫、豆形虫、斜管虫等），它们起到了水体净化和清除池内生物（防堵塞）的作用。

（2）污染物：随着污染物的浓度从大到小变化，沿着河流方向形成一系列连续的污化带，如多污带、α-中污带、β-中污带、寡污带。这些带是根据指示生物的种群、数量以及水质划分的。其中，多污带位于排污口之后的区段，水呈暗灰色，很浑浊，含大量有机物，BOD 高，溶解氧浓度极低；水生物种类少，以厌氧菌和兼性厌氧菌为主，种类多，数量大，每毫升水中含有几亿个细菌。α-中污带在多污带的下游，水为灰色，溶解氧浓度低，有机物含量减少，BOD 下降，细菌数量较多，每毫升水中有几千万个细菌，另外还有一些微型藻类和原生动物存在。β-中污带又称乙型中污带，是应用污水生物系统中生物群落划分河流污染程度范围的第三个区带，水中动物多种多样，耐污性弱的原生动物出现，是鼓藻类的主要分布区。β-中污带水体的氧化作用较强，化学需氧量较低，溶解氧浓度较高。寡污带在 β-中污带之后，它标志着河流自净过程已完成，有机物全部无机化，BOD 和悬浮物含量较低，细菌极少，溶解氧恢复到正常浓度；指示生物有鱼腥藻、硅藻、黄藻等微型藻类、钟虫、变形虫等原生动物，旋轮虫等微型后生动物，还有浮游甲壳动物、水生植物等。

（3）供氧：借助流动水层厚薄变化以及气水逆向流动向生物膜表面供氧。

（4）传质与降解：有机物降解主要是在好氧层进行，部分难降解有机物经兼氧层和厌氧层分解，分解后产生的 H_2S、NH_3 等以及代谢产物由内向外传递进入空气中，好氧层形成的 $NO_3^- - N$ 和 $NO_2^- - N$ 等经厌氧层发生反硝化，产生的 N_2 也向外而散入大气中。

（5）生物膜更新：经水力冲刷，生物膜表面不断更新（溶解氧及污染物），维持生物活性（老化膜固着不紧）。

6.1.1.2　技术的基本流程

图 6-2 所示为生物膜法处理系统的基本流程：废水经初次沉淀池后进入生物膜反应器，废水在生物膜反应器中经需氧生物氧化去除有机物后，再通过二次沉淀池出水。其中，Q 为流量，RQ 为内循环比。

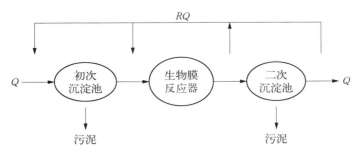

图 6-2　生物膜法基本流程

6.1.1.3　技术的优缺点

生物膜法的优点包括对水质和水量变动有较强的适应性，污泥的沉淀性良好，微生物量多，处理能力大，净化功能强，能够处理低浓度废水，易于维护运行，节能，动力费用低，生物转盘、生物滤池等减少单位 BOD 的耗电量较少。

生物膜法的缺点包括出水常带有较大且易沉淀的生物膜片，还带有许多非常细小的生物碎片，由于这些碎片缺乏类似活性污泥的生物絮凝能力，故出水较浑浊。

6.1.2　人工湿地处理技术

人工湿地处理技术是利用生态工程的方法，在一定的填料上种植特定的湿地植物，建立起一个人工湿地生态系统，当水通过系统时，其中的污染物和营养物质被系统吸收或分解，使水质得到净化。

该技术具有建造成本较低、运行成本很低、出水水质非常好、操作简单等优点，同时如果选择合适的湿地植物还具有美化环境的作用。经过人工湿地系统处理后的出水水质可以达到地面水水质标准，因此它实际上是一种深度处理方法。

　　1）技术的基本原理

人工湿地是由填料和水生植物共同组成的独特的动植物生态系统（见图 6-3）。景观水体的净化机理十分复杂，但一般认为，净化过程综合了物理、化学和生物的三重协同作用。物理作用主要指对可沉固体、氮、磷、难溶有机物等的沉淀作用，以及填料和植物根系对污染物的过滤和吸附作用。化学作用指人工湿地系统中由于植物、填料、微生物及酶的多样性而发生的各种化学反应过程，包括化学沉淀、吸附、离子交换、氧化还原等。生物作用则主要是依靠微生物的代谢（包括同化、异化作用）、细菌的硝化与反硝化、植物的代谢与吸收等作用，达到去除污染物的目的。最后通过对湿地填料的定期更换或对栽种植物的收割使污染物最终从系统中去除。

图 6 - 3　人工湿地系统

另外，湿地中的填料也可通过一些物理和化学的途径如吸收、吸附、过滤、离子交换等去除一部分污水中的氮。沸石对 $NH_4^+ - N$ 具有较强的吸附能力，并且大多试验都用此填料来处理含氮废水。还有研究表明，蛭石对氨氮的去除效果比沸石更好，其主要是通过离子交换作用去除污水中的氨氮，物理吸附作用相对较少，并且阳离子交换反应速度快，饱和吸附量可达 20.83 mg/L。因此，强化湿地内部填料层的作用有利于提高系统的硝化能力。

影响人工湿地净化效果的因素有很多，如进水浓度、床体结构、湿地植物、温度、pH 值、水力停留时间（HRT）、水力负荷、水流类型等。

2）技术的基本流程

目前所指的人工湿地一般都是挺水植物系统。挺水植物系统根据水在湿地中流动的方式不同又分为地表流湿地（surface flow wetland，SFW）、潜流湿地（subsurface flow wetland，SSFW）和垂直流湿地（vertical flow wetland，VFW）。

人工湿地系统的流态主要有推流式（见图 6 - 4）、阶梯进水式、回流式和综合式。阶梯进水式可以避免填料床前部的堵塞问题，有利于床后部的硝化脱氮作用的发生。回流式可以对进水中的 BOD_5 和 SS 进行稀释，增加进水中的溶解氧浓度并减少出水中可能出现的臭味问题，出水回流同样还可以促进填料床中的硝化和反硝化脱氮作用。综合式则一方面设置了出水回流，另一方面还将进水分布到填料床的中部以减轻填料床前端的负荷。

对于人工湿地系统的运行方式，一般可根据其处理规模的大小及处理目的不同，对地表流、潜流、垂直流三种湿地类型进行多种形式的有机组合，一般有单一式、并联式、串联式和综合式四种。图 6-5 所示的湿地可作为景观湿地的设计参考。

图 6-4　推流式湿地技术提升水质　　　　图 6-5　景观湿地

3）技术的优缺点

人工湿地污水处理系统是一个综合的生态系统，具有如下优点：① 建造和运行费用便宜；② 易于维护，技术含量低；③ 可进行有效可靠的污水处理；④ 可缓冲对水力和污染负荷的冲击；⑤ 可提供和间接提供效益，如水产、畜产、造纸原料、建材、绿化、野生动物栖息、娱乐和教育。

但也有如下缺点：① 占地面积大；② 易受病虫害影响；③ 生物和水力复杂性加大了对其处理机制、工艺动力学和影响因素的认识理解的难度，设计运行参数不精确，因此常由于设计不当使出水达不到设计要求或不能达标排放，有的人工湿地反而成了污染源。

6.1.3　土地处理技术

现有比较成熟和广泛应用的污水土地处理工艺有污水慢速渗滤土地处理系统、污水快速渗滤土地处理系统、污水地表漫流土地处理系统、污水人工湿地处理系统和污水组合型处理系统。

1）技术的基本原理

污水土地处理系统也称土地灌溉系统和草地灌溉系统。此系统是将污水经过一定程度的预处理，然后有控制地投配到土地上，利用土壤-微生物-植物生态系统的自净功能和自我调控机制,通过一系列物理、化学和生物化学等过程,使污水达到预定处理效果。

2) 技术的基本流程

污水土地处理系统是通过合理利用自然生态系统的净化功能,低成本、低能耗地处理城市污水。利用一、二级处理后的改良污水灌溉土壤-植物系统,不仅充分利用了水肥资源,而且起到了"代三级处理"的作用,甚至在一定条件下,配合氧化塘、沉淀池等措施,它本身就是二级处理的重要组成部分。经过预处理的污水由专用的引水沟引入处理场地,固体物被植物截留,去除率能达到 60%~80%,同时也降低了出水中的氮、磷和细菌的浓度。

土地处理系统的一般流程如图 6-6 所示。

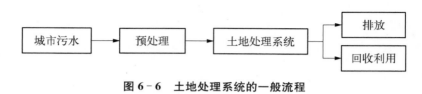

图 6-6 土地处理系统的一般流程

3) 技术的优缺点

土地处理系统的优点包括:① 成本低廉,基建投资费用低,运行费用低;② 运行简便,易于操作管理,节省能源;③ 污水处理与农业利用相结合能够充分利用水肥资源;④ 能绿化大地,促进生态系统的良性循环。

土地处理系统的缺点包括:① 系统需要占用一定土地资源;② 设计和处理不当会恶化公共卫生状况;③ 系统的副作用使公众不愿接受。产生上述副作用的根源是病原体、重金属和有机毒物。

因此污水土地处理系统对公共卫生状况影响的研究必须优先进行,这也是推广污水土地处理技术面临和必须解决的问题。

6.2 河道污染底泥修复处理技术

随着社会和化工产业的发展,近二十几年来河道、湖泊等水体,尤其是河道底泥,污染严重。底泥中含有大量的污染性物质,特别是致病、破坏生态的持久性难分解有机物,严重超标的重金属离子。这些有害物质经过食物链的累积和扩大效应,将会影响人类的健康,破坏自然环境和生态系统。此外,水体富营养化的解决关键也与底泥密切相关。

河道污染底泥生物修复技术是生物修复理论在实际中的应用,注重从工程学的角度解决和控制污染问题,主要包括原位生物修复技术、原位覆盖技术、清淤疏浚后卫生填埋等。这项技术的创新之处在于：一是精心选择、合理设计的环境条件能促进或强化在天然条件下发生很慢或不能发生的降解和转化过程；二是能治理更大面积的污染。

6.2.1　原位生物修复技术

自然河流中有大量的植物与微生物都有降解有机物的作用，植物还可以向水里补充氧气，有利于防止污染。河流底泥的原位生物修复包括微生物修复（狭义上）和水生生物修复两大部分，两者可互相配合，达到要求的治理效果。

1）技术原理

底泥原位生物修复指在基本不破坏水体底泥自然环境的条件下，不对受污染的环境对象进行搬运或运输，而是在原场所进行生物修复，分为原位工程修复和原位自然修复。原位工程修复通过加入生物生长所需营养来提高生物活性或添加实验室培养的具有特殊亲和性的微生物来加快环境修复；原位自然修复是利用底泥环境中原有的微生物，在自然条件下进行生物修复。对底泥进行生物修复，使得底泥好氧层加厚，泥层减薄，加快底泥微量营养的释放，有利于提高藻类多样性，同时也可以阻隔下层黑臭底泥有毒物质的释放，加快水体生态系统的物质循环和能量循环，提高水体的自净能力。

研究表明，运用水生植物和微生物共同组成的生态系统能有效去除多环芳烃。高等水生植物可提供微生物生长所需的碳源和能源，根系周围好氧菌数量多，使得水溶性差的芳香烃（如菲、蒽）以及三氯乙烯，在根系旁能被迅速降解。根周围渗出液的存在能提高微生物的活性。种植的水生植物的根茎能控制底泥中的营养物释放，而在生长后期又能较为方便地通过收割带走部分营养物。

2）优点和局限性

原位生物修复技术的优点主要体现在以下几个方面：① 原位生物修复技术在修复技术中成本相对较低；② 环境影响小，原位修复只是一个自然过程的强化，不破坏原有底泥的物理、化学、生物性质，其最终产物是二氧化碳、水和脂肪酸等，不会形成二次污染或导致污染物的转移，可以达到将污染物永久去除的目的；③ 最大限度地降低污染物浓度，原位生物修复技术可以将污染物的残留浓度降低至很低，如经处理后，BTEX（苯、甲苯和二甲苯）总浓度可降至低于检测限；④ 修复形式多样；⑤ 应用广泛，可修复各种不同类别的污染物，如石油、农药、除草剂、塑料等，无论小面积还是大面积污染均可应用。

原位生物修复技术有其自身的局限性，主要表现在：① 由于原位生物是一种强化的自然过程，修复速度较慢，是一个长期的过程，不能达到立竿见影的效果；② 微生物不能降解所有进入环境的污染物，污染物的难降解性、不溶解性以及与底泥腐殖质结合在一起常常使生物修复不能进行;③ 特定的微生物只能降解特定类型的物质,状态稍有变化的化合物就可能不能被同一微生物酶所破坏,而河流水质变化带有一定的随机性,因此对所选取修复的生物种类提出了很高的要求;④ 原位生物修复受各种环境因素的影响较大,因为微生物活性受温度、溶解氧、pH 值等环境条件的变化影响;⑤ 有些情况下,生物修复不能将污染物全部去除,当污染物浓度太低,不足以维持降解细菌群落时,残余的污染物就会留在底泥中;⑥ 采用水生植物方法时,必须及时收割,以避免植物枯萎后发生腐败分解,重新污染水体。

6.2.2 原位覆盖技术

原位覆盖技术的核心是利用一些具有较好阻隔作用的材质覆盖于污染底泥上,将底泥中的污染物与上覆水分隔,大大减少底泥中污染物向水体释放的能力。此技术一般适用于中深水湖泊、海域或河流中底泥污染的控制,不太适宜在浅水水体尤其是浅水湖泊中使用。

6.2.2.1 原位覆盖技术的原理与功能

原位覆盖技术是通过在污染底泥表面铺放一层或多层清洁的覆盖物,使污染底泥与上层水体隔离,从而阻止底泥中污染物向上覆水体的迁移,主要利用覆盖层材料和污染物之间的各种物理化学作用来对污染底泥进行修复,作用方式大致可以分为 3 类。

(1) 水力阻滞 水力阻滞作用反映了覆盖材料的水穿透能力,也反映出弱吸附溶解态污染物穿透覆盖层材料进入上覆水的能力。水力阻滞作用可用水力传导系数 K 来表示,K 值越大,水力阻滞作用越小,化合物越容易穿透覆盖层而进入上覆水相中。

(2) 吸附 通过吸附作用,污染物被固定在覆盖层材料上从而降低溶解态污染物的浓度。

(3) 降解 降解作用是通过生化或化学反应将污染物高效、快速、彻底地降解转化成无毒无害的物质。在一些自然净化能力不强或污染物浓度较大的场址中,应考虑加入活性覆盖层材料,以促进污染物降解。覆盖层是原位修复技术的核心部分,它可以是一种材料构成的单一覆盖层,也可以是由多种材料构成的复合覆盖层。覆盖层的设计通常应满足以下基本功能:① 将污染底泥与上层水体物理性隔开;② 覆盖使污染底泥固定,防止污染底泥的再悬浮或迁移;③ 通过覆盖物的吸附作用,有效削减底泥中污染物的释放通量。

6.2.2.2 原位覆盖技术关键与施工方式

1) 技术关键

覆盖层是该项技术的关键,覆盖的形式可以是单层覆盖也可以是多层覆盖。

但在通常情况下,会添加一些要素来增强该技术功能的发挥,如在覆盖层上添加保护层或加固层(以防止覆盖材料上浮或水力侵蚀等)以及生物扰动层(以防止生物扰动加快污染物的扩散)。根据使用的覆盖材料的不同,可以将原位覆盖技术分为被动覆盖技术和主动覆盖技术。被动覆盖技术主要是使用被动覆盖材料如砂土、黏土、碎石等处理有机物和重金属污染的底泥;主动覆盖技术主要是利用化学性主动覆盖材料如焦炭和活性炭等隔离处理底泥中的营养盐等污染物,也有一些企业生产具有特定功能的主动覆盖材料。

2)施工方式

原位覆盖工程的施工方式与其成本密切相关,同时也影响覆盖实施后的效果。目前,原位覆盖技术的施工方式主要有以下几种。

(1)机械设备表层倾倒方式　即将覆盖材料采用卡车、起重机等机械设备直接向水里倾倒,通过覆盖物的重力作用自然沉降将底泥掩蔽住。这种施工方式的优点是施工工艺简单,成本低,但受卡车等机械所能够到达的范围与地理交通环境的限制,一般只适用于岸边区域,同时覆盖的厚度也不均匀。

(2)移动驳船表层撒布方式　用驳船载着覆盖材料在覆盖区域内缓慢移动,驳船底部是活底,可将其打开,撒布覆盖材料。这种施工方式不仅简单、经济,而且不受地理条件限制,可以覆盖整个水域的任何区域。

(3)水力喷射表层覆盖法　用平底驳船载着覆盖砂土,然后用高压水将船上的砂土冲洗入水中。这种方法的优点是通过水力冲洗防止人为不小心所造成的大量倾倒,适合水深小于4 m的水域的覆盖。

(4)驳船管道水下覆盖法　通过驳船上的管道将覆盖物注入水体下层,管道的下端是圆锥体,可使覆盖物更好地分散开来。该方法的优点是直接进行水下覆盖,对底泥的扰动小,不会掩埋底栖生物,但施工工艺相对较复杂,成本也相对较高。

6.2.2.3　原位覆盖技术的优缺点

原位覆盖技术适用于多种有机和无机污染底泥,不仅可以有效控制底泥中氮、磷等营养盐的释放,还可以控制重金属及 PCBs、PAHs、苯酚等持久性有机物的释放,对污染底泥的修复效果非常明显,工程造价低,而且覆盖技术采用的是清洁泥沙等天然矿物,性状比较稳定,一般不会改变水体的性质,对环境的潜在危害小。覆盖技术当然也有其不足之处,因而有一定的局限性。一方面,投加覆盖材料会增加湖泊中底质的体积,减小水体的水深,改变湖底坡度,因而在浅水或对水深有一定要求的水域(如河岸、海岸及航线区域)不宜采用原位覆盖技术。另一方面,在水体流动较快的水域,覆盖后的覆盖材料易被淘蚀,影响覆盖的效果。同时,由于原位覆盖会改变水流流速、水力水压等条件,因此在对这些水力条件有要求的区域,覆盖技术不能实行。另外,覆盖法的一个大问题是需要寻找便宜清洁的覆盖材料来源。

6.2.3 清淤疏浚后卫生填埋

疏浚工程的主要目的是挖深河流或海湾的浅段,以提高航道通航或排洪能力;开挖港池、进港航道等以兴建码头及港区。近百年来,疏浚工程进一步扩展到其他基础施工领域,其中最主要的是吹填造陆工程。吹填就是将挖泥船挖取的泥沙,通过排泥管线输送到指定地点进行填筑的作业。由此可见,疏浚工程对国民经济的发展,特别是对水上交通、水利防洪、城市建设等有非常重要的作用。

6.2.3.1 河道疏浚的方法

现今的河道疏浚方法有很多,有水下疏浚、干河疏浚、水力疏浚、爆破等手段。疏浚技术主要包括工程疏浚技术、环保疏浚技术和生态疏浚技术等。就技术的成熟度和采用率而言,其中的工程疏浚技术居首,环保疏浚技术是近年来开发并且已进入大规模采用阶段的成熟技术,生态疏浚技术则是最近提出并且在局部实施的新技术。

6.2.3.2 河道底泥的处置技术

目前河道污染大多数是由底泥污染物造成的,也就是内源污染。要消除水体富营养化问题,就要彻底处理底泥污染物,让其无害化以及减量化。

1)底泥处置原则

底泥处置的一般原则为以下三点。

(1)选择适宜的底泥堆存场所。在与城市总体规划一致的条件下,尽量选择地下水位低、土层吸附性能好的地带作为堆场场址。

(2)对污染物和重金属含量相对较低的污染底泥,可按照一般的堆填方式作业,并对堆场采取一定的防渗措施。

(3)对污染物和重金属含量较高的污染底泥,堆放地点应尽量离开水体,并加强污染防范措施。

清淤的污染底泥在淋溶及浸出条件下,所含的重金属和氮、磷及有机污染物等可能扩散转移到环境中,必须予以妥善处置。

2)底泥污染处理技术

底泥的污染处理技术按其去除污染物的原理不同,可分为以下 3 类。

(1)破坏底泥中的污染物或将其转化为低污染的物质,包括焚烧、热解高温高压氧化、玻璃化、化学处理和生物降解等技术。

(2)污染物与底泥固相分离技术 其目的是使底泥中的污染物与固相分离进入气相或液相后再做进一步处理,包括热解吸和化学萃取等技术。

(3)污染物固化技术 利用水泥等固化剂将污染物与固相紧密结合,使污染物失去或降低其迁移性,从而减轻对环境和人类的危害。

6.2.3.3　河道底泥的处置方式

江河湖泊的污染底泥的处置无论采取何种处置工艺,都是以稳定化、减量化、无害化和资源化为原则。

1) 底泥的处置方式

底泥经过去污处理后应对其进行最终处置,目前主要有以下 3 种方式。

(1) 水下处置　包括直接排入水体和在具有特殊物理条件的水体下封存处置。目前流域并不具备这种条件。

(2) 隔离处置　包括与其他固体废弃物一起在填埋场填埋处置和在单独为处置底泥而建造的隔离处置场处置两种基本方式。由于现有填埋场处置量有限,而且要求底泥必须经过脱水,具有较低的含水率,因而实际工程中更多的是用底泥隔离技术处置受污染的底泥。底泥隔离处置场也称堆场,是目前应用最多的最终处置技术。

(3) 综合利用底泥　采取治理与开发相结合、集中利用与分散利用相结合、长远利益与近期利益相结合的原则,充分利用土地及底泥的资源价值。底泥的开发利用应由政府有关部门统一安排,根据不同情况,底泥利用的主要途径如下:① 用作生态防护、农田用土,如将经过处理的底泥用作农业、园林生态防护的植物培植土,或用于置换某些严重污染的土壤等。② 建立沿河生态防护带,美化环境,保护水体。③ 底泥中往往富含氮、磷、钾等多种营养元素,同时还含有普通矿物肥料中所缺少的有机质及多种微量元素,无害化处理后可作为林地肥料,有明显的增产效果。④ 可用作建筑材料,如用底泥制造建筑墙体材料、混凝土轻质骨料等,但目前未见大规模应用。⑤ 用于固体废弃物管理,经脱水等预处理的底泥可以用作城市垃圾填埋场的覆土等。

2) 余水处置方案

余水处置是环境疏浚的又一个环节,余水是否需要处理及如何处理取决于余水中污染物的组分及含量、接纳余水水体的性质等。对余水的处理强化以自然沉淀和辅以适当的生物化学处理为主,余水经沉淀处理后由泄水口集中排入河流中,泄水口外设置防护屏,防止污染物在受纳水体中扩散,泄水口必须布置在尽量远离排泥管出口的位置。

6.3　城市水体修复技术

城市水体修复技术是指根据生态学和环境学的原理,综合运用水生生物和微生物的方法,使污染水体得到改善或恢复所采用的技术。其特点是充分发挥现有水环境工程的作用,综合利用流域内的湿地、滩涂、水塘、堤坡及水生生物等自然资源及人工合成材料,对城市水域自恢复能力和自净能力进行强化或提升。

6.3.1　城市河流水动力调控技术

对于处于地势平坦区域的河流水系,由于上下游水位差小且不稳定,水动力学条件不佳,再加上城市河流中闸坝的隔断,这些城市水体多为滞流或者缓流水体。为改善这些城市滞流或者缓流水体的水流状态,增加水体局部微循环,可以有针对性地采取水体推流技术实现。

1) 水体推流与动力学调控

水体推流设备可以与曝气系统结合,在进行局部造流、加快水体流动的同时,保持河道有充足的氧气,也可以为河道生物群落的生存和繁衍创造条件。

常用的水体推流设备有叶轮吸气推流式曝气机、水下射流曝气机、潜水推流器、远程推流曝气设备等。

(1) 叶轮吸气推流式曝气机　叶轮吸气推流式曝气机如图 6-7 所示,其工作原理为:叶轮吸气推流式曝气机以一定的角度安装在水中,电动机和进气口保持在水面上,电动机转动后带动实心轴和螺旋桨,水流在螺旋桨周围高速流动,产生一个负压区,负压区使得进气口吸入空气并流经大口径的通风管,然后进入螺旋桨附近的水域,螺旋桨产生的紊乱打碎气泡,高效进行氧气传输及水下方向性超强推流作用。叶轮吸气推流式曝气机可以用浮筒支撑放置于水面,也可以固定于坚实的河岸上。

图 6-7　叶轮吸气推流式曝气机

该设备有较高的氧气传递效率,受水位影响较小,易于安装和拆卸,维护简单,可以按照城市水体的流向,系列安装多个叶轮吸气推流式曝气机,组成一个水流相互衔接的流场。

1990 年,为保证北京亚运会的顺利进行,北京市在黑臭河清河的一段长约 4 km 的河段中放置了 8 台 11 kW(15 马力)的叶轮吸气推流式曝气机,形成一个优化的流场,在运行期间基本消除了曝气河段的臭味,BOD_5 去除率约为 60%,COD 去除率约为 80%,氨氮去除率达 45%;曝气区的 DO 从 0 上升到 5～7 mg/L。

(2) 水下射流曝气机　水下射流曝气机是用潜水泵将水吸入,经增压从泵体高速推出后,利用装置在出水管道的水射器将空气吸入,气-水混合液经水力混合切割后进入水体。典型的射流曝气机及其应用实况如图 6-8 所示,不过其影响范围较小。

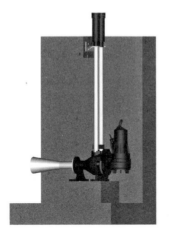

应用实况

图 6-8　水下射流曝气机及其运行图

2008 年,北京市实施了中心城区重点水域(筒子河、水碓湖、龙潭湖)水质改善工程,在筒子河配置了 9 台 5.5 kW 水下射流曝气机;在水碓湖配备了 68 台不同功率(1.5 kW,2.2 kW,5.5 kW)的水下射流曝气机;在龙潭湖配备了 45 台不同功率(1.5 kW,5.5 kW)的水下射流曝气机,再配合其他水质改善的技术措施。实施该项工程后,上述中心城区重点水域(筒子河、水碓湖、龙潭湖)水质明显改善,水体透明度增加,水华得到抑制,主要水质指标达到我国《地表水环境质量标准》(GB 3838—2002)Ⅳ类水标准。

(3) 潜水推流器　潜水推流器是利用水体中叶轮的旋转将电能最大限度地转换为水的动能。典型的潜水推流器及其应用实况如图 6-9 所示,它的影响范围较大,能耗较小。根据在北京中南海水体中对功率为 4 kW、叶浆直径为 320 mm 的潜水推流器的现场测试结果,其在 100 m 外的流速可以达到 0.02 m/s。此外,潜水推流器具有结构紧凑、体积小、质量轻、操作维护简单、安装方便快捷、使用寿命长等特点。

2008 年,为了改善北京市中南海水体的流态,预防水华的发生,根据影响范围确定布置潜水推流器 61 台,其中中海布置潜水推流器 31 台,南海布置潜水推流器 30 台。选用的潜水推流器功率为 4 kW、叶浆直径为 320 mm。投入的工程建设费用为 220 万元。工程的实施解决了中海东西两岸近岸区域和南海的大部分区域水体流动性差、易形成污染物积累的问题,达到了不适宜藻类生长的水利条件,抑制了水华的发生。

(4) 远程推流曝气设备　远程推流曝气设备通过水下的大流量、低扬程的推流设备结合管道,实现水体的远程交换和净化,提升水体的自净能力,尤其适用于

图 6-9 潜水推流器及其运行图

断头浜型的城市河道和只有一端与外围河道连通的城市小型景观湖泊。

该技术可以实现 100～200 m 城市河段的水体推流,如果水体溶解氧浓度低,则可同时实现曝气(设备可曝气也可不用曝气)。通过科学合理地布置,可以使城市河道水体构建良好的水循环,改善水体的静水流态,促进上下层水体交换,激活水体的自然净化机能,对抑制藻类暴发和蚊虫孳生也有较好的效果。

该设备安全可靠,能耗较低,在水下运行,几乎无噪声,不影响水体景观,不堵塞,运行维护简便。利用 1.5 kW 的功率,可以达到 300 m³/h 的流量,实现城市水体的远程推流。

北京市工人体育馆(以下简称"工体")南湖是一个水量为 4.2×10⁴ m³ 的景观水体,补水水源为污水处理厂的再生水,南湖西北端为一个断头的城市河道,两岸布满高档酒吧等。工体南湖水华现象严重,西北端断头河有黑臭现象。

2008 年,为了控制工体南湖断头河严重的水污染和黑臭问题,投资 20 万元布置了功率为 1.5 kW、叶轮直径为 100 mm、长度为 200 m 的远程推流曝气设备,实现了推流流量达 360 m³/h、充氧达 1.6 kg O₂/h 的能力,显著改善了工体南湖断头河的水环境,消除了黑臭现象。

2) 闸泵调度与水动力调控

为了改善城市河流的流态,修复河流水环境,建成人水和谐的生态河道,可以优化城市河流的闸泵水动力调度方式,在满足人类对水资源利用需要的同时,进行城市河流的水动力调度,优化河流水体流态。

(1) 技术原理 日本是最早进行闸泵调度改善河道水质的国家,而国际上更多的是利用水闸控制河道流量来确保河道的水质目标,闸泵调度使得水体流动起来,可提高水体自净能力,改善水质。如美国俄勒冈州的威拉米特河流治理就充分利用水库调度,改变下泄流量,改善了水质。通过调整闸泵的调度运行方式,恢复、增强水系的连通性,包括干支流的连通性、河流湖泊的连通性等,保证水闸下游能维持河流水生生物繁衍生存。

城市河流的闸泵调度方式要充分考虑城市河流水利工程设备的类型和运行方式的差异,充分利用水动力调控设施设备,如水闸、泵等,以流态优化和水环境改善为目标,实现城市河流整体水动力条件的调控。

(2)闸泵生态调度的基本原则:

① 以满足人类基本需求为前提　凡事以民生为重,人类修建闸泵的初衷就是为了维护人类生计,保护人类生命和财产安全,因此闸泵的生态调度也首先应考虑满足人类的基本需求。河流生态需水是闸泵进行生态调度的重要依据,泄流时间、泄流量、泄流历时等应根据下游河流生态需水要求进行泄放。为了保护某一个特定的生态目标,合理的生态用水比例应处在生态需水比例的阈值区间内。

② 遵循生活、生态和生产用水共享的原则　生态需水只有与社会经济发展需水相协调才能得到有效的保障;生态系统对水的需求有一定的弹性,所以,在生态系统需水阈值区间内,应结合区域社会经济发展的实际情况,兼顾生态需水和社会经济需水,合理地确定生态用水比例。

③ 以实现河流健康生命为最终目标　闸泵生态调度既要在一定程度上满足人类社会经济发展的需求,同时也要考虑满足河流生命得以维持和延续的需要,其最终目标是维护河流健康生命,实现人与河流和谐发展。

6.3.2　城市河道底质改善技术

在城市河道中,底泥是陆源性入河污染物(营养物、重金属、有机毒物等)的主要蓄积场所。在不同的环境影响(温度、风浪和溶解氧浓度等)条件下,底泥既可以净化湖泊水体,也可以因富含污染物而成为潜在的内源性污染源污染水体,增加上层水体污染负荷。底质改善技术则是有效遏制这类内源污染物释放的有效手段,常用的有底质清淤及原位修复技术、景观河道生态修复型底泥疏浚与处理处置技术等。

1)底质清淤及原位修复技术

底泥生态清淤采用生态清淤工程将污染最重、释放量最大的上层污染底泥依据环保要求移出水体,避免因河流、湖泊内的底泥释放和动力作用下的再悬浮和溶出后可能造成的河水富营养化和藻类产生问题,从而达到控制底泥引起二次污染的目的。它是控制内源污染效果较为明显的工程技术措施之一。

采用原位修复技术,利用研发的环境友好型双固定化功能载体及筛选的具有高效净化性能的功能生物,并且通过河道底质良性生境的构建、定向强化净化及底质基质促进剂的使用,可以进行污染底质原位生态固化-覆盖联合修复。

2）景观河道生态修复型底泥疏浚与处理处置技术

底泥也是水生态系统重要的环境要素之一，其理化特性直接影响水生态系统的结构与功能。可以考虑河湖底泥疏浚与底栖生态重建的优化协同，避免过量疏浚造成的河湖底泥生态支持力下降、疏浚底泥异地处理的环境和经济成本问题，发展可实施精准疏浚的河湖底泥生态修复型疏浚技术。

3）底质改造与污染生态修复技术

从单一的清淤、硬底化、引水冲污、曝气增氧等治理技术研究转为对多项治理技术的集成应用研究，以降低河道治理的投资、运行成本，保证持续稳定的治理效果。对底泥治理技术的研究和应用表明，相对于物理、化学修复，对目前以有机物含量高、氧化还原电位偏低的重污染为特点的城市河道底泥，在改善基底理化环境的基础上，采用生物修复，特别是植物修复方法可能更加适合。

4）疏浚底泥与处理处置技术

根据疏浚底泥自然沉降速率设计水力疏浚底泥排泥场，避免水力清淤污泥随自然澄清液回流再次排入水体。针对清淤污泥，开发高效脱水以及制建材、制陶粒等资源化利用技术，实现疏浚底泥的可持续管理。

针对底泥在厌氧条件下释放污染物导致水体水质恶化的问题，开发出具有强氧化作用、高效释氧作用、物理阻隔作用和化学固化作用等的底质抑制剂（材料），对抑制黑臭、应对突发污染事故等具有显著、快速的控制效果。

6.3.3 城市河水强化处理技术

城市河流是城市形成和发展的重要资源和环境载体。城市现代化对河流管理提出了更高的要求，传统的工程管理技术已不能满足城市河流管理的需要。基于生态学的河流近自然管理研究，追求人与自然的和谐发展已成为国内外研究的热点领域。今天的河流管理项目追求对现有的河道治理技术进行强化。

1）城市河湖水系原位强化处理关键技术

开发缓流水体强化循环流动和生物接触氧化技术，强化水体流动，削减水中污染物和营养盐含量，改善水质。有关学者提出了不同流速对常见水华藻类和混合藻类的影响，并提出了水华控制流速；对不同填料进行了接触氧化试验，筛选了最佳填料，对主要污染物的去除效果进行了研究，叶绿素、化学需氧量、总氮、总磷和氨氮的去除率分别约为 40%、50%、20%、40% 和 60%。

2）河道水体侧沟强化治理集成技术

针对生活污水，以及含有大量工业废水、难以生物降解成分含量高、底泥污染严重、河道水体黑臭、油类物质浓度偏高现象显著等的水体，提出以侧沟化学絮凝（即一级强化处理）和接触氧化修复相结合的方式，对黑臭水体进行处理，可有效抑制黑臭现象。

3）景观水体化学-微生物-水生植物复合强化净化与藻类过度生长控制技术

此项技术是针对景观河道水体自净能力差、富营养化现象严重、藻类过度生长等现状，通过微生物、化学、水生植物复合强化集成技术进行水质净化及控制的原位修复技术，已研发出改善景观水体水质的药剂投加方法及设备和富营养化水体治理的方法及设备，可有效改善水体富营养化状态。

4）污水处理厂尾水人工湿地深度处理技术

技术从工艺创新、碳源补充、填料选择、防堵塞等研究，发现反硝化反应的顺利进行必须有充足的碳源提供，因此添加聚羟基脂肪酸酯、聚丁二酸丁二醇酯等五种有机物作为碳源，研究了各种碳源的反硝化速率以及硝酸盐氮的去除情况，得到麦秆、PBS 和 PHA 添加后出水符合一级 A 的标准。在城市污水处理厂尾水达到一级 A 标准时，出水水质可达到：COD 为 $18\sim32$ mg/L，氨氮低于 0.5 mg/L，总氮为 $1.5\sim3.5$ mg/L，总磷为 $0.1\sim0.3$ mg/L，除总氮偶尔较高外，其他均达到地表水体 V 类标准。

5）污水处理厂尾水多点放流生态拦截技术

选取最优填料组合，通过生态拦截填料的拦截吸附降低尾水中的污染负荷，尾水长期流过填料后填料表面的生物膜可以进一步降解尾水中的污染物。污水处理厂尾水排放后由大阻力配水系统将尾水均匀分布到第一级生态填料区上，经过底部布水廊道升流至第二级生态填料区，通过二级填料的尾水最终通过生态透水砖实现污水处理厂尾水深度净化后的分散排放。该方法可有效降低污水处理厂尾水排放对河流水质产生的不利影响。

6.4　其他水体修复技术

人类生活、生产活动造成了水体污染和淡水资源短缺，对受污染的江河湖库水体进行修复已成为社会经济发展及生态环境建设的迫切需要。传统修复方法大多注重工程效应，不太注重生态环境效应，所处理的河流大多是"千里河堤一个样，大江南北都相同"的局面。针对受污染河流、湖泊等大水体的特点和治理技术工程实施的可行性，应采用多种水体修复技术，让修复方案更具经济和技术合理性。本章节重点介绍了复合型生态浮岛水质改善技术、多级复合流人工湿地异位修复技术、城市黑臭河道原位生态净化集成技术、景观河道生态拦截与旁道滤床技术、岸坡防护技术、河流生态护岸技术、超微细气泡水体修复技术、海水养殖尾水处理技术和污染物资源化利用等多种水体修复技术的原理及其在污染水体修复中的推广应用。

6.4.1 复合型生态浮岛水质改善技术

生态浮岛又称生态浮床、人工浮床或人工浮岛,是运用无土栽培技术,综合现代农艺和生态工程措施对污染水体进行生态修复或者重建的一种生态技术。具体是在受污染河道中,用轻质漂浮高分子材料作为床体,人工种植高等水生植物或经过改良驯化的陆生植物,通过植物强大的根系作用削减水中的氮、磷等营养物质,并以收获植物体的形式将其搬离水体,从而达到净化水质的效果。另外,种植植物后构成微生物、昆虫、鱼类、鸟类等自然生物栖息地,形成生物链,进一步帮助水体恢复。生态浮岛主要适用于富营养化及有机污染河流。

6.4.1.1 技术原理

生态浮岛根据水和植物是否接触分为湿式和干式,湿式生态浮岛可再分为有框和无框两种。因此,在构造上生态浮岛主要分为干式浮岛、有框湿式浮岛和无框湿式浮岛三类。

干式浮岛的植物因为不直接与水体接触,可以栽种大型木本、园林植物,构成鸟类的栖息地,同时也形成了一道靓丽的水上风景。但因为干式生态浮岛的植物与水体不直接接触,因此发挥不了水质净化功能,一般只作为景观布置或防风屏障使用。

有框湿式浮岛一般用PVC(聚氯乙烯)管等作为框架,用聚乙烯板等材料作为植物种植的床体(见图6-10)。湿式无框浮岛用椰子纤维缝合作为床体,不单独加框。无框型浮岛在景观上显得更为自然,但在强度及使用时间上有框式更有优势。从水质净化的角度来看,湿式有框浮岛应用更广泛。

图6-10 有框湿式生态浮岛照片

生态浮岛能有效去除水体污染,抑制浮游藻类的生长,其技术原理为:① 营养物质的植物吸收;② 许多浮床植物根系分泌物抑制藻类生长;③ 遮蔽阳光,抑制藻类生长;④ 根系微生物可降解污染。与其他水处理方式相比,生态浮岛更接近自然,具有更好的经济效益。浮岛上栽种的植物美化了环境,与周围环境融为一体,成为新的河道景观亮点。同时,生态浮岛的建设、运行成本较低。

6.4.1.2　技术经济特征

生态浮岛有净化水质、美化水面景观、提供水生生物栖息空间及进行环境教育等多种功能。生态浮岛技术较其他水体修复技术有明显的优越性。

1)优点与局限

相较于其他生态修复技术,生态浮岛具有以下优点。

(1)可用于高等水生植物难以生长的区域(深水区或底部混凝土结构水域)。

(2)增加了生物多样性。

(3)对水位变化的适应性较强,可移动性强。

(4)具有景观美化的作用。

(5)具有一定的消波及保护河岸的作用。

(6)建设、运行成本较低,具有良好的经济效益、环境效益和景观效益。

然而生态浮岛技术也存在一定的问题与局限性,具体如下。

(1)浮岛植物的选择既要考虑成活性,又要考虑不同的选择净化性。有些污染水体可能不适合最适净化植物的生长,在这种情况下就必须考虑替代植物,但其净化性能比最适净化植物低,这就需要扩大种植面积。此外,植物的生长还受到季节影响,不同的生长阶段其净化效果也不同。

(2)生态浮岛植物种类繁多,植物死后若得不到适当处理,会造成水体二次污染。如重金属污染水体,若生态浮岛植物得不到正确处置,就可能把重金属由水体转移到土壤当中,或者重新回到水体。此外,有的生态浮岛选择了可食用的植物,如空心菜、水芹菜等,其食用安全也需要注意。

(3)由于生态浮岛主要依靠植物的吸收来净化水体,植物根系不能深入深层水域中,因此缺乏对底层水和底泥的净化能力。

(4)夏季容易孳生蚊蝇,影响环境卫生。

2)适用性分析

生态浮岛较适合用于没有航行要求的景观河道;在居民聚集区的城市河流,由于其存在夏季容易孳生蚊蝇等虫类,其使用受到限制;它也不适用于工业废水连续排放的河道。

3)经济性分析

生态浮岛技术具有施工简单、工期短、投资小等优势,具体表现在:浮岛植物和载体材料来源广,成本低;无动力消耗,节省运行费;维护费用少,且应用得当可具有一定的经济效益。

4) 管理维护

生态浮岛的管理维护一直是被忽视的问题,例如植物的无土栽培技术、病虫害防治技术、杂草防治技术、定期收割与越冬管理、动物病虫害预防与饵料投放、介质材料的更换等。如果维护管理跟不上,常常造成使用期极短,甚至直接成为二次污染源,因此必须安排专业人员进行维护。

6.4.2 多级复合流人工湿地异位修复技术

按照人工湿地污水流动方式,人工湿地可分为表面流人工湿地和潜流人工湿地。复合型人工湿地指将不同类型的人工湿地工艺根据场地、气候环境、水质参数及达标要求等客观条件进行系统、优化组合,使其达到最优的净化和处理效果,其所设计和建造出来的人工湿地即复合型人工湿地。不同工艺类型都有其所针对处理的污染形态,单一工艺形态的人工湿地往往不能完全满足污水处理的要求,因此复合型人工湿地是人工湿地建设的常态化工艺组合。

6.4.2.1 技术原理

人工湿地污水处理系统是一套复杂的、完善的生物净化处理系统,其主要组成要素有 3 个,分别是植物、微生物及微型生物、基质。其中,植物指高等维管束植物,包括挺水植物、浮水植物、浮叶植物和沉水植物等。微生物、微型生物指植物根系周围的区系微生物、基质表面生物膜及周边的微生物,包括细菌、原生动物、次生动物、浮游植物、浮游动物等。基质指人工湿地池床中填充的碎石或土壤,主要起到支撑高等植物生长,在基质表面附着微生物形成生物膜的作用,是人工湿地净化污水的主要部件之一。在实际运行中,人工湿地系统的水质净化功能并不仅仅是基质、植物、微生物各自净化功能简单相加的结果。人工湿地的本质之一就是将基质、植物、微生物以合适的构型和配比组合在一起并形成人工生态系统,从而发挥出"1+1+1>3"的系统效应,达成高效持续的净化效果[1-2]。

6.4.2.2 人工湿地的组合与运行机理

完整的人工湿地污水处理系统一般由预处理系统、前处理系统、主体处理系统和后处理系统 4 个部分组成,其所针对处理的污染物及机理如下。

1) 预处理系统

在实际工程中,预处理系统属于污水进入人工湿地污水处理系统前的物理处理工艺,一般包括拦污格栅、缓冲池、沉砂池及快速渗滤池等。实际工程中,往往结合相关工艺进行,如缓冲池结合沉砂池建造。

2）前处理系统

前处理系统指人工湿地污水处理工程的前端（或称前段）处理工艺，其主要作用是通过生物降解降低污染负荷，分解大颗粒污染分子，将复杂的有机物转化为简单的无机物等。常见的前处理工艺包括生物塘、水解酸化池、接触氧化池等。

3）主体处理系统

此处所说的主体处理系统有表面流人工湿地、垂直潜流人工湿地及水平潜流人工湿地3种工艺类型。一般主体处理系统所占面积为整个工程面积的60%～70%。

（1）表面流人工湿地　表面流人工湿地指污水在基质层表面以上，从池体进水端水平流向出水端的人工湿地。表面流人工湿地的水力负荷较低，对水体的净化处理效果有限。其主要是通过构建好氧生态环境来降解水体污染，并利用植物根系、茎秆组织等器官的吸收作用去除部分富营养物质，沉淀部分絮状物以达到净化水质的目的。表面流人工湿地的表面水力负荷小于 $0.1 \text{ m}^3/(\text{m}^2 \cdot \text{d})$，实际操作时，具体的水力负荷还应根据水质情况考虑。

（2）垂直潜流人工湿地　垂直潜流人工湿地指污水垂直通过池体中基质层的人工湿地。垂直潜流人工湿地中水体从床体表层纵向流向填料床的底层，床体处于相对不饱和状态，因此，氧气可通过污水的垂直滴落、大气扩散与植物的传输进入湿地系统，使系统满足好氧处理的要求，使系统内污染处理处于硝化反应的过程。研究结果显示，垂直潜流人工湿地对氨氮的去除效果较好。其所选择的填料粒径为 $1.0～2.0 \text{ cm}$。

（3）水平潜流人工湿地　水平潜流人工湿地指污水在基质层表面以下，从池体进水端水平流向出水端的人工湿地。水平潜流人工湿地的填料系统处于底部厌氧、中部兼氧和上部好氧的状态，适宜湿地系统内微生物的好氧和厌氧代谢，对各种有机污染的处理效果相对较彻底。水平潜流人工湿地的填料粒径为 $2.0～6.0 \text{ cm}$。

4）后处理系统

人工湿地系统的后处理系统也叫末端处理系统，通常起到杀菌消毒、强化出水水质、改善景观效果等作用。常用的工艺主要包括表面流湿地和好氧生物塘（水景塘）造景、砂滤池过滤、紫外线消毒或配药消毒等。

不同类型的污水其处理工艺组合不尽相同，一些工程的预处理系统和前处理系统合二为一，有些工程没有后处理系统。

6.4.3　岸坡防护技术

河流廊道中的河道岸坡是河流的基本组成部分，典型河岸带由坝趾区、浅滩区、堤岸区、过渡带和高地带5部分组成（见图6-11）。其中，高地带处于洪水位以上，属于陆地生态系统；坝趾区、浅滩区和堤岸区常年淹没于水下，属于河流生态系统;而过渡带是处于漫滩水位与洪水位之间的岸坡区域,部分时段受到河流泛滥影响,是水陆生态系统的过渡带。河岸带是最重要的生物栖息地单元,是陆生、湿生植物的生长场所以及陆地和水域生物的生活迁移区,一些动物在此觅食、栖息、产卵和避难。

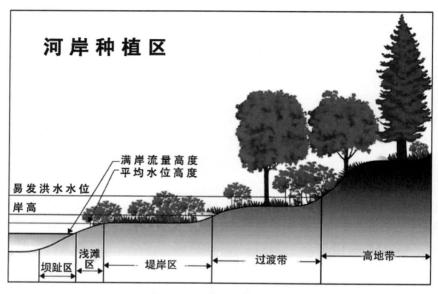

图 6-11　典型岸坡带结构

　　传统的河道整治工程从稳定河道的目的出发,常采用一些岸坡防护措施,如浆砌石、混凝土板等。这些工程措施会对河道岸坡自然栖息地造成不同程度的影响,导致栖息地质量下降。在水泥等现代材料出现以前,岸坡防护工程主要采取木、石、柴排等天然建筑材料。这些材料相对比较自然,对生物栖息地环境冲击较小。伴随着混凝土、土工膜等材料的广泛应用,河流渠道化问题凸显,造成关键生物栖息地丧失或连续性中断,加速了栖息地破碎化与边缘效应的发生,同时也造成了水体物理及化学过程的变化,使河流廊道的潜在栖息地消失,水体质量下降。除了河流地貌与生态系统结构发生改变外,孤立的栖息地碎块阻断了河流上下游间的生物基因交流,从而影响了河流水生生物群落的迁移与生态演替,导致生物多样性丧失。尤其是河流廊道被渠道化整治之后,原来自然的河流廊道岸坡被混凝土护面所取代,阻隔了地表水与地下水的交换。另外,清除河道植被造成水温升高,冲积物与营养物增加导致水质恶化。由于栖息地丧失、破碎化以及边缘化效应,兼具生物栖息或迁徙功能的河流廊道发生严重退化,进而使生物群落多样性降低。

　　近年来,兼具生态保护、资源可持续利用以及符合工程安全需求的岸坡防护生态工程技术已经成为河流整治工程的创新内容,被广泛采用。现代河道岸坡防护工程设计倡导遵循"道法自然"的原则,除满足防洪安全、岸坡冲刷侵蚀防护、环境美化、休闲游憩等功能外,同时还须兼顾维护生物栖息地和生态景观完整性的功能。从工程设计角度出发,对于近自然化岸坡,在满足整体抗滑稳定的条件下,还要采用植被防护措施,使之满足水流冲刷侵蚀作用下的局部抗侵蚀稳定性要求,并有助于生物栖息地功能的加强。对于采用人工或者天然材料的岸坡防护工程设计,要求这类岸坡防护结构具有表面多孔、材质自然、内外透水的特点,即要选用多孔透水性材料和结构,并且能满足抗滑、抗倾覆的整体稳定性及抗冲蚀等局部稳定性要求。河道岸坡防护生态工程常用的结构和材料包括自然植被护坡、石块、梢料排体、铅丝石笼或铅丝网垫、混凝土空心块或铰接混凝土块(排体)、混凝土框架、土工格室、生态型混凝土、生态植被毯等。

6.4.4　河流生态护岸技术

河流生态护岸技术是一种集防洪、生态、景观、自净等效应于一体的新型护岸技术,是人与自然和谐发展的新要求。

6.4.4.1　生态护岸的类型

生态护岸具有多种多样的形式。根据断面的形式不同可以分为直立式护岸、斜坡式护岸、复式护岸以及混合式护岸,如图 6-12 所示。直立式护岸包括松木桩护岸、干砌直立驳坎、石笼护岸、混凝土沉箱挡墙和生态砌块驳岸等形式。斜坡式护岸包括自然原型护岸、植物护岸、植草砖、土框架护岸、介质型护岸、生态混凝土护岸、生态砌块护坡等形式。复式护岸是将直立式护岸与斜坡式护岸有效结合,布置成二级亲水平台,局部地段进行台阶式护岸,增强其亲水性;在两岸亲水平台以上斜坡种植草皮,保护河岸不受冲刷,保护生态。另外,还有将不同护岸混合的混合式护岸。

根据所使用的材料不同,生态护岸可以分为生物护岸、天然材料护岸、生态混凝土护岸、土工合成材料护岸、网笼护岸等形式。生物护岸包括芦苇、菖蒲等水生植物护岸,柳、杨、水杉、水松等湿地植物护岸,乔、灌木等边坡植物护岸,此外,萤火虫护岸、鱼巢护岸等是以特定动物栖息地营造为目标的生态护岸形式。天然材料护岸包括木桩、竹笼、石笼、块石护岸等。生态混凝土护岸是由砂砾或碎石、水泥加混合剂压制而成的一种无砂大孔混凝土护岸,它既有透水透气性,又有较强的抗拔力,可以长草生根,满足植物生长。土工合成材料护岸主要有三维土工网、三维植被网、土工织物袋、土工格栅等。网笼护岸主要有蜂箱护岸、格宾网护岸等。

根据人工化程度,生态护岸可以分为自然护岸、半自然护岸和人工化仿自然护岸三种形式。

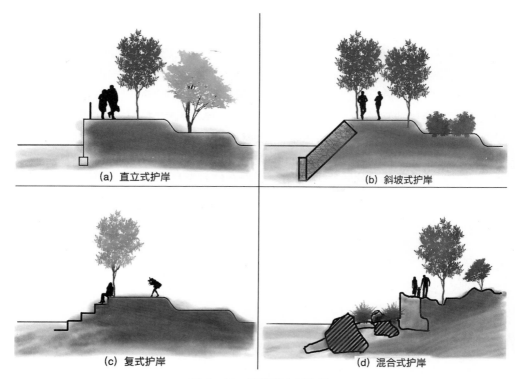

图 6‑12　护岸形式示意图

1）自然护岸

　　自然护岸通常是在经过平整处理的岸坡上种植不同品种的护岸植物，其原理为：通过植被根系的力学效应（深根锚固和浅根加筋）和水力学效应（降低孔压、削弱溅蚀和控制径流）来固土保土，防止水土流失，在满足生态环境需要的同时还可以进行景观造景。

　　自然护岸能与大自然融为一体，投资较省，且施工方便。但由于植被生长需要一定的时间，一般不能马上起到护岸作用，并且形成的护岸抵抗洪水的能力较差，抗冲刷能力不足，长期遭遇洪水侵蚀后，植被容易遭受破坏。因此，自然护岸多用于河流流速平缓，抗洪要求低的河段。这类自然护岸最贴近实际自然河流岸坡状态，与河流生态系统的物质能量交换能力也最强，物种最丰富。

　　在采用自然护岸时需要注意在不同河段采用不同植被来构建生态护岸，比如在迎水坡脚可采用河柳等灌木加强防浪作用，在坡面则可以采用不同速生草本植物迅速达到绿化护岸作用。

　　常见的自然护岸为固土植被护岸，即利用根系发达的植物进行固土护岸，既可起到防止水土流失的作用，又可以满足生态环境修复需要，同时还可以作为人造景观。

固土植物护岸主要有草皮护岸、柳树护岸和水生植物护岸等。

（1）草皮护岸　草是生态型护岸工程技术中最常用的植物，可以通过在岸坡上铺设草坪增加坡面覆盖度，防止水土流失，改善生态环境。常见的护岸草有狗牙根、结缕草、地毯草、类地毯草、百喜草、野牛草、白车轴草、假俭草、寸草苔、多年生黑麦草、高羊茅、冰草等。单纯的草皮护岸一般只适用于坡度较小的岸坡，对陡峭的岸坡或混凝土的坡面往往不适用，因为较陡的岸坡上地表径流大，草皮植被容易被冲走，而混凝土坡面的覆土植物会发生塌滑现象。

（2）柳树护岸　柳树是河畔常有的植物，有垂柳、白柳、杞柳等众多种类。柳树自古以来就被作为天然的护坡材料，因为其抗水冲击力强，生长又快，所以无论是在恢复自然环境还是在防洪上，都被广泛应用。柳树护岸主要包括活性柳桩护岸、柳梢捆（柴捆）护岸、柳桩排护岸、柳枝压条护岸、柳枝沉床护岸等。

（3）水生植物护岸　以芦苇、香蒲、灯芯草、蓑衣草等为代表的水生植物可通过其根、茎、叶系在沿岸水线形成一个保护性的岸边带，消除水流能量，保护岸坡，促进颗粒态污染物的沉淀。水生植物还可以直接吸收水体中的氮、磷等营养物质，为其他水生生物提供栖息的场所，起到净化水质的作用。

水生植物护岸一般会利用工程措施，采用植物与自然材料（石材、木材等）相结合，在坡面上构建一个利于植物生长的防护系统。

2）半自然护岸

由于使用的部分自然材料起到了加固作用，因而岸坡的稳定性和抗侵蚀能力得到了大幅度提高，一般项目施工完成即可起到护岸的作用，当植物生长后，通过根系加筋作用能有效抑制暴雨径流的冲刷作用。另外，木桩、石块间的缝隙为水草留下了生长的空间，同时也为鱼、虾等水生生物提供了栖息场所。与自然护岸相比，半自然护岸的投资相对高，工程量加大，适用于各种有较大流速的城市景观河流。

常见的半自然护岸形式包括山石护岸、箱笼结构护岸、堆石护岸、木桩护岸、活性木格框护岸、栅栏阶梯护岸、干砌石护岸、组合生态护岸等。

（1）山石护岸　通常在较为狭窄的河道上建造山石护岸。山石是天然材料，而且具有不同的颜色变化，有利于整体景观营造。在局部，山石做成的生态驳岸也为水生植物和动物提供栖息地。山石护岸示意图如图 6-13 所示。

（2）箱笼结构护岸　箱笼结构护岸一般适用于河岸较宽、坡度较缓、水流流速较小的低水位的河道断面，主要从生态角度考虑，以恢复水陆交错带的生物多样性为目的。坡底用天然石材垒砌，既可以为水生生物提供栖息场所，又可加固堤防；坡面采用木桩或石材等在岸坡做成梯形框架，形成一定间隔空间，覆上植被网，种植护坡草皮，或者使用柴捆或柳条填充在间隔中。该类护坡稳定性好、抗洪水冲

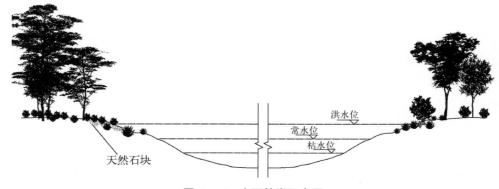

图 6-13　山石护岸示意图

刷、景观性强，同时又可以为鱼类等水生生物提供躲避捕食、繁殖生存的场所。箱笼结构护岸示意图如图 6-14 所示。

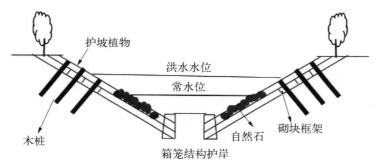

图 6-14　箱笼结构护岸示意图

（3）堆石护岸　与箱笼结构护岸相同，该类型护岸一般适用于河岸较宽、坡度较缓、水流流速较小的低水位的河道断面。它以柳树和自然石为主要护岸材料。大小不同的石块组成堆石置于与水接触的土壤表面，将活体切枝（柳枝较为常用）插入石堆中，根系可提高强度，植被可遮盖石块，使堤岸外貌更加自然，同时可为鱼儿等水生生物提供栖息、避难的场所，其示意图如图 6-15 所示。

（4）木桩护岸　图 6-16 所示为木桩护岸的实景图。木桩护岸采用的木桩包括真木桩和仿木桩。真木桩护岸取料天然，不过相对而言比较容易腐烂，并且造价相对较高，一般多用于城市小型景观河湖。在

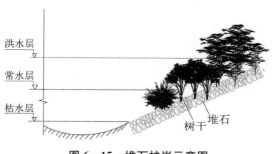

图 6-15　堆石护岸示意图

很多城市的河道整治中,仿木桩被广泛应用。

（5）活性木格框护岸　活性木格框护岸是在河岸斜坡面与河床的夹角处铺设石块,再将木格框沿着石块铺设在河岸斜坡面上。活性木格框是通过叠置未处理的圆木构成的木格框,在常水位以上填土壤并种植活性树枝,待活性树枝根系长成,将取代原木框的结构功能,如图 6-17 所示。活性木格框护岸适用于坡度较陡的河岸。

图 6-16　木桩护岸　　　　　　　　图 6-17　活性木格框护岸

（6）栅栏阶梯护岸　栅栏阶梯护岸是木桩护岸的一种演化,以各种废弃木材（如间伐材、铁路上废弃的枕木等）和其他一些已死了的木质材料为主要护岸材料,逐级在岸坡上设置栅栏,在栅栏以上的坡面种植草坪植物并配上木质台阶,形成阶梯状的护岸形式。这样的护岸形式不受水位涨落的影响,始终能保持生态护岸结构,实现了稳定性、安全性、生态性、景观性与亲水性的和谐统一。

（7）干砌石护岸　干砌石护岸多用于水面以下,也可以在混凝土框格加固的砌石护岸下部建造半干砌石护岸,使石块一半被混凝土固定,另一半干砌,在上部的石缝间插种柳枝等植物,这样既可以抵抗洪水冲击,又可以确保生物生存;也可以在正常水位以下采用干砌石断面,在正常水位以上采用自然石堆积成斜坡。图 6-18 所示为一种干砌石护岸。

图 6-18　干砌石护岸

（8）组合生态护岸　在生态河道的实际修复工程中,往往会根据实际情况灵活地选择相适应的护岸形式,也可以将多种形式的护岸进行组合,以达到更好的安全、生态、景观、亲水等效果。

"抛石＋植物护岸"的护面层选择粒径为 40 cm 的块石沿河岸铺设成宽度约为 1.5 m 的条状结构；过滤层选用砂砾、小石块等填充抛石空隙；坡脚保护层扦插柳枝、种植芦苇。

"轮胎＋抛石＋植物护岸"是用铁丝将直径分别为 1 m 和 0.5 m 的废旧汽车轮胎按"金字塔"形进行链锁，将链锁好的轮胎沿河岸摆放，轮胎空隙用石块填充，顶部用巨石镇压，在轮胎与块石之间的空隙内扦插活体柳枝。

"木桩＋抛石＋植物护岸"是沿河打入长为 1.8 m 的松木桩，桩头露出地面 0.5 m，桩与桩之间相隔 0.25 m；在木桩的内侧和外侧分别投放石块，空隙用碎石填充；在桩与桩之间的空隙以及块石间的石缝内人工扦插活体柳枝。

"阶梯木桩＋抛石＋植物护岸"是沿河打入 3 排长 1.8 m 的松木桩，桩头露出地面 0.5 m，桩与桩纵向间距为 0.25 m，横向间距为 0.6 m；木桩间的空隙内铺设抛石，上层抛石保持平整；在桩与桩之间的空隙以及抛石间的缝隙内人工扦插活体柳枝。

3）人工化仿自然护岸

人工化仿自然护岸是利用工程措施，使用混凝土、高分子材料等人工材料与植物的结合，形成一个具有较大抗侵蚀能力的护岸结构。这类护岸一般用于对护岸抗冲击侵蚀能力要求较高或岸坡空间较小、陡峭，不适合建设另外两种护岸的河道岸坡。常见的人工化仿自然护岸有生态砌块护岸、土工合成材料复合种植护岸、生态网石笼护岸、多孔质结构护岸、仿木生态护岸等。

（1）生态砌块护岸　城市河道两岸一般可利用空间较小，很多是垂直陡坡，且防洪要求较高，因此大多采用直立浆砌石挡土墙或混凝土挡土墙，其单一的结构形式、光滑坚硬的表面对城市景观和生物栖息造成了极大影响，而许多生态型护岸由于占地面积等的限制无法普遍应用于城市河道的整治中。

生态砌块墙壁是一种适用于这种情况的城市河道护岸形式，其在继承现有砌块护坡特点的基础上，一般在距离水面 1～3 m 处的墙壁上设计种植植物的方孔，或者在墙壁上镶嵌混凝土组合砌块，种植藤状植物（比如迎春花）或者柳枝等，使植物在悬空状态下生长。

（2）土工合成材料复合种植护岸　土工合成材料复合种植护岸是利用土工材料进行固土，在种植基内撒播草籽，草籽长成草皮后，既能加固河岸，又能美化环境。土工合成材料是以高分子聚合物为原料制成的各种人工合成材料的总称，具有隔离、防渗、反滤、排水、防护、加筋等作用。应用土工合成材料有助于维护河道岸坡的稳定，防止水土流失；同时，它的透水性、透气性和多孔隙性可实现护岸结构内外水分和养分的交互，有利于植物生长；护岸上水生植物和微生物的活动还可以吸收和降解污染物，净化水质，进而有利于构建适宜生物生存的生境条件，保护生物多样性和生态完整性。

　　土工合成材料无腐蚀性,耐酸碱,化学稳定性高,对环境无污染,在草皮长成前,可保持土地表面免遭地表径流的冲刷,且容土空间大,植草覆盖率高,可保证草籽更好地与土壤结合,并保持地表土与水之间的物质输运的通畅性,与植物形成的复合保护层可经受高水位、较大流速的水流冲刷。

　　土工合成材料复合种植护岸的施工顺序一般为:坡面修整,施底肥,铺设土工材料,种子选择和处理,播种施工,后期管理。该类型的护岸材料工程造价低,施工简便,适用于岸坡坡度小于 1∶1.2,坡高小于 6 m,主槽顺直,具有一定流速且岸线存在一定的冲刷的城市河道,尤其适用于对稳定性有较高要求的自然原型河岸。

　　用于河道生态护岸的土工材料主要有三维土工网、土工格室、土工格栅(见图 6-19)、土工织物袋和土工模袋。

(a) 三维土工网

(b) 土工格室

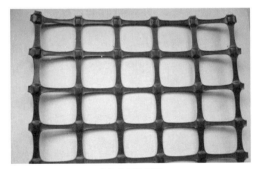

(c) 土工格栅

图 6-19　用于城市河道护岸的土工合成材料

　　土工织物袋是由聚乙烯、聚丙烯等高分子材料制成的土工网袋,在袋内填充植土、草籽等。土工织物袋之间采用连接扣相连,层叠铺在岸坡上(见图 6-20)。植物的根系可以穿过其间,整齐、均衡地生长。长成后的草皮使网袋、草皮、泥土表面牢固地连接在一起。由于植物根系可伸入地表以下 $30\sim50$ cm,形成了一层绿色复合保护层,保护层可以经受高水位、大流速的冲刷。这种护坡不仅施工简便,可以减少环境污染,且可大幅度降低工程造价。

图 6‑20 土工织物袋护岸

土工模袋是由某种聚合化纤合成材料经过加工编制而成的袋状产品。其制作工艺是将混凝土或水泥砂浆高压灌入模袋中,在袋子中加入吊筋绳等纤状物,一定时间后混凝土或水泥砂浆会与纤维结合成一种高强度的板状结构(见图 6‑21)。土工模袋护岸具有以下优点:一次喷灌成型,施工简便、快速;能适应复杂地形,特别是在深水护岸;护堤等不需要填筑围堰,可直接在水下施工;机械化程度高,整体性强,稳定性好,抗冲击能力好,使用寿命长;既能防止水土流失,又能为植物提供生长载体,帮助植物根系吸收水分。与常规护砌相比,土工模袋护岸可节约大量的

图 6‑21 生态土工模袋护岸

土方开挖、围堰及排水投资。土工模袋护坡有自己的施工特点,在具体施工过程中,必须严格按照施工工艺程序和技术要求进行工艺质量的监控,以保证土工模袋护坡的施工质量。

(3) 生态网石笼护坡　生态网石笼护坡(又称格宾网护岸)是在抗腐蚀、耐磨损、高强度的低碳高强镀锌钢丝的外表涂塑料高分子优化树脂膜(PVC),再用六角网捻网机编制钢线,形成不同规格的矩形笼子,在笼子内填石头的结构(见图6-22)。通过人为和自然因素,石块之间的缝隙不断被泥土充填,植物根系深深扎入石块之间的泥土中,从而使工程措施和植被措施相结合,形成一个柔性整体护面。与传统的浆(灌)砌石、混凝土等结构相比,它既能满足维护河岸稳定的防护要求,又有利于水体与土体之间的循环,同时还能达到绿化环境的效果,优化固有的生态平衡条件。

图6-22　生态网石笼护坡

(4) 多孔质结构护岸　所谓多孔质结构护岸,是指用自然石、混凝土预制件、连锁式铺面砖或者现成的带孔材料等构成的带孔状的适合动植物生长的护岸形式(见图6-23)。目前常用的多孔质结构护岸主要有连锁式铺面砖护坡、绿化混凝土护岸、轮胎护岸等。这种形式的护岸施工简单,不仅抗冲刷,还能为动植物生长提供有利条件,可净化水质,并且可同时兼顾生态型护岸和景观型护岸的要求。

(5) 仿木生态护岸　仿木护岸是利用仿木材料建成的护岸,比较美观,能够做成不同形状和大小,其造价较低,具有透水性较好,耐久性高,利于生态系统形成等特点,在生态驳岸中得到广泛应用,同时,在加固河堤脚方面应用也很广(见图6-24)。

在仿木桩的迎水面也可以设置柴排梢栅,在桩板与柴排梢栅的木桩之间插入柳梢,利用柳树的生长使桩板护岸前柳枝繁茂,水边绿树成荫。

图 6‑23　多孔质结构护岸

图 6‑24　仿木生态护岸

4）生物栖息地营造生态护岸

生物栖息地营造生态护岸是通过对某种生物的生理特性和生活习性的研究，按照其对栖息地的要求为其专门设计的护岸。该护岸结构有利于提高生物的多样性。同时，也为人类休憩、亲近大自然提供良好的场所。现在实际应用中主要有萤火虫护岸、鱼巢护岸等。

（1）萤火虫护岸　通过对萤火虫"成虫—卵—幼虫—蛹"各生长阶段生活习性的连续性研究，构建最适合萤火虫生存的护岸环境条件。例如，在靠近水流的石缝间种植萤火虫喜爱的水芹、艾蒿、垂柳等水生植物；在河岸打桩以确保其产卵所用苔藓的生长；在护岸构建时采用蛇行低水护岸，减缓水流流速，保护幼虫不被冲走；

建造多种岸坡形式,尽量多在岸坡留缝隙,以确保充足的作茧场所。该护岸结构充分考虑了萤火虫的生存环境,也为其他动物和水生生物营造了栖息环境。

（2）鱼巢护岸　鱼巢护岸是以营造鱼类的栖息环境为护岸构建的主要考虑因素,选用鱼类喜欢的木材、自然石等天然材料,以及鱼巢砖和预制混凝土鱼巢等人工材料为鱼类建造的护岸场所。

木头-残枝-石头鱼巢护岸是将由木头、残枝、石头组成的构造物安置在河岸底部,可在河岸就近寻找适合的材料迅速构筑而成。鱼巢护岸可以改善鱼类栖息地环境,吸引昆虫等生物栖息,丰富食物网络,避免河岸冲蚀及提供遮阳的阴影;适用于低坡降的曲流河道,但不适用于凸岸。在受到严重侵蚀的河岸或陡降的河床上应结合其他稳定性工程。

巨型鱼巢护岸是由大木板条组成的结构单元,宜安置在河岸底部及河道凹岸,以提供鱼类庇护所、生活栖息地并避免河岸冲蚀;通常结合丁坝或堰,以引导或控制水流;最适用于砾石床的河道,不适用于悬浮质过多的河道。

6.4.4.2　生态护岸类型的选择

需要针对不同河段的几何特征、基质情况、水流情况及河流功能等选择适宜的护岸形式。

（1）在水流流速比较缓慢的平原河网地区,以自然原型护岸为主,尽可能保留河道的自然土质护岸,在河岸植草种树。在缓流水体、岸坡侵蚀较小的河段,对岸坡的坚固程度要求较低,可以直接利用草、芦苇、柳树等天然的植物材料进行岸坡防护,它们都是亲水植物,能在潮湿环境中健康成长,可以在保护岸坡的同时创造丰富的岸边自然生态环境。

（2）对于人工河道的生态治理应尽量采取土质岸坡、缓坡,以植物护岸为主。在城市河道,由于可利用空间少,防洪标准高,大多采用直立式护岸,也可以根据具体情况选择生态砌块护岸的形式。

（3）在水流较急、岸坡侵蚀较大的河段,单纯利用草皮、柳树和芦苇等活体材料进行护岸容易遭到破坏,需采取工程措施。应以保持地表水与地下水有效连接为基本要求,采用土工材料、石块堆砌、石笼格网、空心混凝土块等方式护岸,为水生植物的生长、水生动物的繁育、两栖动物的栖息繁衍活动创造条件,比如利用三维网垫、混凝土框格、混凝土砌块的植草护坡,利用粗木桩、石笼、铁丝固定的柳树护岸,利用石块、混凝土槽的水生植物护岸,还有直接以木材和石材为主的木桩、木格框护岸,抛石、砌石、石笼护岸等。

（4）在河岸边坡较陡的地方,采用木桩护岸、抛石护岸等工程措施护岸,在稳定河床的同时改善生态和美化环境。在应用草皮、木桩护岸时也可以借助土工编袋,袋内灌泥土、粗砂及草籽的混合物,既抗冲刷,又能长出绿草。

（5）对于没有通航要求的河道,可采用自然原型护岸,防止水土流失,还可在正常水位以下采用衬砌空心异型块、预制鱼巢等结构形式,提供鱼类等水生动物安身栖息的地方。

（6）对于有通航要求的河道,在正常水位以下可采用生态砌块等直立式护岸,在正常水位以上采用斜坡护岸,以增加水生动物生存空间,削减船行波对河道的冲刷影响,有利于堤防保护和生态环境改善。

（7）对于水位变化大的河段,可采用复式护岸,常水位以下采用生态砖、鱼巢砖等建造,或采用石笼、天然材料垫、土工布包裹、混凝土块、土工格室、间插枝条的抛石护岸,以保证堤岸安全。在水位变化区,除冲刷严重河段需筑硬质堤护坡外,可采用大块鹅卵石堆砌、干砌块石等护岸方式,使河岸趋于自然形态。水位变化区以上的部位可采用自然原型护岸。

（8）对目前城市河道已有的混凝土护岸进行改造的话,可采用桩板护岸绿化技术、坡面打洞及回填技术,或者利用原有护岸材料进行改建。

由于河流生态系统具有复杂性,单一利用某一种修复技术不一定会取得良好的修复效果,必须根据河流的特点、污染程度及其生态现状连用多种修复技术才能取得理想的修复效果。

6.4.5 超微细气泡水体修复技术

超微细气泡水体修复技术在国际上属于前沿科技。自 20 世纪 80 年代以来,世界各国的科研工作者都试图将直径更小的气泡应用于水体修复,因为气泡的直径变小可大大增加空气与水的接触面积,同时气-液界面上氧分子所占比例、气泡的寿命都会大幅度增加,各种反应速度也会相应增加,氧转移效率大大提高。

1）超微细气泡的现状

至 20 世纪末,欧美国家研究人员已能将直径在 100 μm 左右的气泡充入水中,大大提高氧转移效率。2002 年,日本的研究人员已将直径小于 3 μm 的气泡充入水体,设备如图 6-25 所示。

普通的气泡在水中呈上升状态。在静水中,气泡上升的速度与其线度密切相关。根据大量的实验数据和理论分析,相关学者得出了气泡上升速度与气泡半径

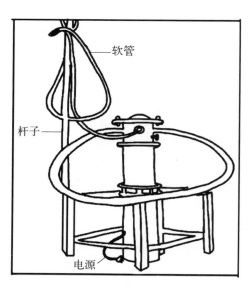

图 6-25 日本研制的超微细气泡曝气设备

软管

杆子

电源

的关系曲线(见图 6 - 26)。由图中可以看出,当气泡半径小于 1.0 cm 时,随着气泡半径的减小,气泡的上升速度也在减小。当气泡的直径小于 3 μm 时,我们把这种气泡称为超微细气泡,由于尺度效应的影响,这种气泡具有普通气泡所没有的理化作用特性,而且这种气泡的表面能很大,可与水分子紧密结合,能够实现气泡在水中的沉降。

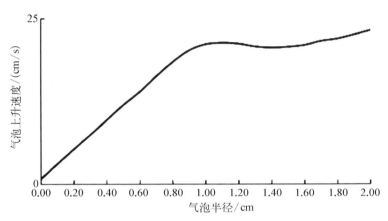

图 6 - 26　气泡上升速度与气泡半径的关系曲线

2) 超微细气泡的水体修复机理

由以上介绍可以知道,超微细气泡能够实现在水中的沉降,而且这种气泡具有普通气泡所没有的理化作用特性。其对水体的修复机理主要包括以下两点。

(1) 超微细气泡比普通气泡表面积增大很多,如 1 cm 的普通气泡分散成 1 μm 的超微细气泡,表面积增加 1 万倍,气泡表面能从 10^{-5} cal 增加到 0.1 cal,表面能的增大可以加强表面氧化反应,提高氧的利用率。同时,这种气泡大大增加了空气与水的接触面积,使得气-液界面上氧分子所占的比例、气泡的寿命都增加了几个数量级,各种反应速度也相应增加了几万倍,氧转移效率大大提高。

(2) 沉降的大量气泡最终降落到底泥中,实现了对底泥的直接充氧,由于接触面积大、停留时间长,其有充分的机会与时间与底泥反应,并充分激活底泥耗氧生物的活性,有效降解底泥中的有机污染物,较好地矿化底泥,可彻底改善底泥的生态环境,从而实现对污染水体的修复。

6.4.6　海水养殖尾水处理技术

海水养殖指利用沿海的浅海滩涂养殖海洋水生经济动植物的生产活动,包括浅海养殖、滩涂养殖、港湾养殖等。在经济利益的驱动下,不少地区无序、无度甚至无偿盲目发展养殖业,大规模的围垦造成海域面积减少,纳潮量降低,削弱了海洋的自净能力,加剧了水域环境的恶化。养殖业主在海面上盲目建造网箱、架设吊养筏架而造成养殖密度过大,远远超过海洋生态系统的承受能力,造成海水养殖生态系统物流和能流循环受阻或紊乱,引发病害。为了满足市场的需求,池塘高密度养殖方式得到了广泛应用,相较于传统的养殖方法,高密度养殖会产生大量的粪便以及残饵。这些粪便及残饵排入水中会导致养殖尾水的污染不断加剧。目前,养殖尾水的处理已经成为影响我国养殖行业发展的重要因素。

1) 耐盐植物生态浮床技术

生态浮床能有效去除水体污染,抑制藻类暴发,其原理为浮床植物吸收水体中有效氮磷产生竞争性抑制,浮床本身遮蔽阳光抑制藻类生长,根系微生物进一步降解吸收污染。与其他水处理方式相比,浮床更接近自然,具有更好的经济效益。浮床上栽种的植物美化了环境,与周围环境融为一体而成为新的景观亮点,同时生态浮床的建设、运行成本较低,建成后运行和维护方便、简易。

海水养殖中可选用耐盐植物作为浮床植物(见图 6-27),如海水蔬菜海蓬子、红树秋茄等,在去除污染物的同时还能产生一定的经济效益。

图 6-27 耐盐植物生态浮床技术实例图

2) 红树林湿地技术

红树林人工湿地净化污水的主要部分是植物、填料及微生物,三者通过物理、化学、生物作用相互联系构成一个有机的整体,通过吸附、沉降过滤、植物吸收和微生物降解等作用对污水中的污染物进行处理。如图 6-28 所示,在红树林人工湿地中,水流缓慢且水深较浅,填料和红树林的茎秆能够截留固体悬浮物和不溶性有机物,供给微生物利用;而可溶性有机物可被生长在填料表面和红树林根系中的微生物形成的生物膜所吸附,再通过一系列的物理、化学和生物作用去除。

在红树林人工湿地系统中,植物根系对氧气的输送与释放会使得周围呈现出

图 6‑28　红树林人工湿地净化污水技术实例图

好氧、缺氧和厌氧的环境,不仅营造了良好的生物脱氮环境,而且有利于好氧聚磷和厌氧释磷,保证了红树林植物和微生物生长所需的氮、磷营养成分,过量积累的磷还可以通过硝化、反硝化作用去除。

3）人工湿地技术

以植物‑填料‑微生物体系为核心的人工湿地技术(见图 6‑29)被认为是一项环境和经济效益兼顾,极具应用价值的技术。其中生态砾石床技术是代表性技术之一,其技术原理为:污染水体流经填充砾石的地埋式处理槽,使水体与砾石表面的生物膜接触反应,去除悬浮物和有机物;湿地表面引种适宜的湿地植物,形成利于污染物降解的根区微环境;采用具有吸附功能的填料替代部分常规砾石填料,以形成功能段。

相对而言,生态净化技术适用于中低营养水平的污染水体,同时具有节能、运行成本低廉,无须专业人员管理,操作维护简单,形成生态景观效果等特点。

图 6‑29　人工湿地技术实例图

4）集约化海水养殖尾水处理技术

根据集约化海水养殖尾水的特点,设计了集沉淀、吸附、好氧、缺氧、除磷和污染物收集等功能于一体的养殖尾水处理系统(见图 6‑30)。通过三级沉淀池和集污管道进行固液分离,并回收尾水中的有机固体废弃物;通过装填了生物填料的缺氧池、好氧池和除磷池去除水体中的溶解性氮磷和有机污染物;出水进入蓄水池进行循环利用,达到零排放。

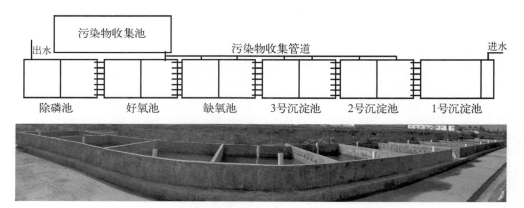

图 6 - 30 集约化海水养殖尾水处理技术图

5）原位曝气增氧技术

采用罗茨鼓风机将空气压入输气管道,再送入微孔管,然后以微气泡形式分散到水中,微气泡由水底向上升浮,促使氧气充分溶入水中,还可造成水流的旋转和上下流动,使池塘上层富含氧气的水带入底层,实现池水的均匀增氧。微孔曝气产生的微小气泡在水体中与水的接触面积极大,上浮流速低,接触时间长,氧的传质效率极高。

由于微孔曝气管(盘)安装在池底部,充分曝气和水流能加速藻类和细菌的生长,增强水体自我净化功能,同时加快池底沉积物、有机碎屑等有机物的分解转化。

6.4.7 污染物资源化利用

海水养殖业所造成的水体、土壤及空气污染非常严重,有效处理和资源化利用养殖污染物迫在眉睫。

1）海水养殖有机沉积物脱盐技术

采用土柱滴灌淋洗法进行有机沉积污染物的脱盐利用,滴灌是淡水淋盐最节本增效的措施之一。利用 PVC 管等材料制作土柱,底部铺设少量砂石层作为过滤层并安装排水细管,在滴灌条件下,含盐沉积物达到饱和并淋出盐水,达到沉积物脱盐的效果,脱盐废水也可进行回收利用。收集的海水养殖有机污染物经过脱盐晒干后,可直接用作种植肥料。

2）海水养殖益生菌有机堆肥技术

将经过选培的有益微生物菌剂加入海水有机沉积物中,通过微生物发酵堆腐而生成有机肥施用。自然堆肥初期微生物量少,需要一定时间才能繁殖起来,人工添加高效微生物菌剂可以调节菌群结构,提高微生物活性,从而提高堆肥效率,缩短发酵周期,提高堆肥质量。堆肥发酵后的有机沉积物可直接作为有机肥使用,也可晒干后使用。

3) 基于脱盐废水的益生菌培养技术

利用脱盐废水作为海水益生菌培养基质,加入适当碳源和益生菌菌种,并进行曝气,可就地培养益生菌用于海水养殖,同时防止了脱盐废水的二次污染。

4) 海水养殖环境修复实例

温岭市殿嘴头塘的东面为面积为 3 000 亩的果园种植区,主要种植高橙、枇杷、文旦、红美人、葡萄柚等十余种水果,西面为面积为 1 200 亩的水产养殖区,主要养殖青蟹、蛏子、南美白对虾、泥蚶等水产品。针对其园区结构,设计了一套集养殖尾水污染综合控制和有机污染物资源化利用的实施方案(见图 6 - 31)。

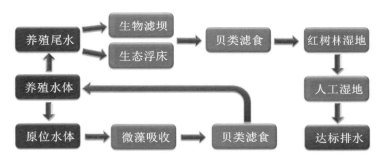

图 6 - 31　海水养殖污染综合控制和资源化利用实施方案流程图

水产养殖尾水处理方案按照尽量不改变养殖区地貌、设施和池塘结构进行设计,尽可能减少对水产养殖过程的干扰,从而达到水产养殖绿色生态发展的要求。如图 6 - 32 所示,温岭市殿嘴头塘水产养殖区进排水独立,进排水沟渠面积较大,可在其中进行多种污染控制技术集成,强化其水处理能力。同时,在养殖过程中使用污染低的肥水技术,并通过定期施用微生态制剂改良底质。

养殖过程中控制虾蟹养殖量,不使用冰鲜杂鱼等作为养殖饵料和肥水,以鱼粉和饲料等作为替代手段,利用滩涂贝类自身的水体净化作用处理大部分残饵粪便。定期泼洒芽孢杆菌等益生菌制剂,改良底质,增强底质中微生物的降解能力。海水池塘中增设微孔增氧设施,将增氧设施铺设于贝类养殖滩面之间的环沟中,增强水体自净能力。

海水养殖过程中使用的饲料、鱼粉等的残余有机物会沉积在池塘底泥中,定期清淤有利于来年的海水养殖。温岭市殿嘴头塘海水养殖区池塘面积约为 1 200 亩,每年产生的底泥进行收集脱水、脱盐和益生菌发酵处理。经脱盐和发酵后的沉积物可作为有机肥料,供殿嘴头塘东面的 3 000 亩精品果园种植区使用。

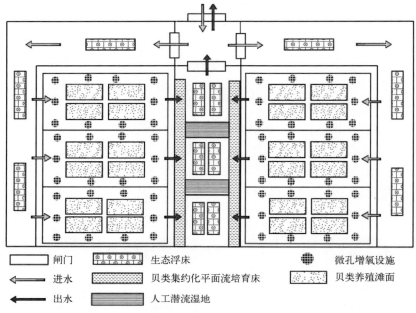

图例：
闸门 | 生态浮床 | 微孔增氧设施
进水 | 贝类集约化平面流培育床 | 贝类养殖滩面
出水 | 人工潜流湿地

图 6-32　温岭市殿嘴头塘养殖区污染控制技术实施方案示意图

参 考 文 献

［1］邓欢欢,葛利云,蒋愉林,等.水平潜流人工湿地微生物群落的碳源代谢特性和功能多样性研究[J].农业环境科学学报,2007,26(6)：2144-2149.

［2］邓欢欢,杨长明,李建华,等.人工湿地基质微生物群落的碳源代谢特性[J].中国环境科学,2007,27(5)：698-702.

第7章 现代化信息技术在河道管理中的应用

经济社会的高速发展带来了一系列的环境污染问题：城市建设发展大量填埋河道，减少了水域面积；河流设障和无序开采沙石资源严重影响行洪排涝。随着经济社会发展和人民生活水平的不断提高，除了要求河道具有传统的防洪、排涝、水利功能和水上交通功能，还要求其具有环境生态、旅游娱乐和景观休闲等多样性的功能，尤其是对位于河网地区的城市和邻近大江大河的城市。人民生活水平日益提高，对环境、水质、景观等方面的要求也日益提高，为了提升城市品位，进一步完善城市形象，改善城市的投资环境，河流和河网的景观建设有了新的要求。

因此，采用现代化手段，建设水资源实时监控系统，动态掌握区域水资源变化及利用情况，最大限度调控使用效率，对区域内的雨情水情进行自动监测，实现雨情水情监测数据的及时采集和准确传输，以及对各类水资源信息和防汛抗旱信息进行快速、准确地查询，分析和处理，是促进经济社会可持续发展的迫切需要。

7.1 城市河道管理中信息技术应用的系统组成

城市河道管理应用信息系统在设计和开发时，主要由采集层、网络层、数据层、应用层、表示层、接口层、支撑层七个部分组成。

（1）采集层 采集层采集的内容有气象、水雨情、工情、旱情、图像、水质、地下水、水土保持等信息。采集手段包括遥感、遥测和其他传感器自动采集、云台摄像、手工输入、通过数据接口自动获取等；具体的采集内容、手段、采集地点的布局等根据具体系统决定。

（2）网络层 为信息共享和数据传输提供基础，网络的建设一般根据实际情况采用公网与专网相结合的方式。

（3）数据层 通过建立所有与水利相关的数据的模型或结构，使应用层能够更方便、更快捷地获得各种水利信息,产生各种水利应用。

(4)应用层 建立在数据层的基础之上,通过建立各种应用模型如洪水演进模型、排水模型等,提供水利行业的各种应用功能,如信息服务、统计分析、虚拟仿真、预报决策等。

(5)表示层 以浏览器为载体,直接向从事城市河道管理的各级人员提供其所需要的相关功能或信息服务。

(6)接口层 通过向各级水利系统提供网络接口、数据接口和系统接口,使各类信息得到充分共享,各级水利系统成为一个有机的整体,最终形成"数字水利"。

(7)支撑层 通过相关标准体系以及最新技术,保证整个系统安全、稳定、有效地运行[1]。

大数据技术作为第三次信息化浪潮的代表技术之一,正广泛地应用于我国环保、水文、水务、国土、交通等各个部门领域,辅助各个部门的管理与决策。在开展河长制工作过程中,大数据技术已经成为数据管理与应用的重要技术手段。现代化信息技术是以河道巡查位置、路线、上报的问题等为基础数据,通过分析大数据关键技术,建设河道巡查数据管理平台,挖掘河道存在的隐患、风险,提升河湖信息化管理平台的预知预判能力,促进水利信息化、智能化水平,进一步探索河道的科学管理方法。大数据的关键技术如表7-1所示。

表7-1 大数据关键技术

关键技术	技 术 描 述
数据采集	一般分为设备直接采集和数据爬虫获取两种。前者是通过软、硬件设备实时采集,而后者是从不同的数据源爬取不同类型的数据,并将其存储于数据库或中间系统中,为后续数据处理做准备
数据预处理	数据质量的高低直接决定数据分析和挖掘的结果价值大小,数据预处理作为提升数据质量的关键技术,直接影响着后续数据处理、分析、可视化等过程,其主要是通过数据清理、数据装载、数据整合、数据归约、数据转换以及实时计算等处理原始数据
数据存储	大数据的存储方式主要采用分布式反法存储,具有高性能、高效率、容错好等优点。其中数据存储介质、数据组织形式和数据管理层次与分布式存储技术直接相关;数据存储介质主要包括内存、硬盘、光盘、U盘等数据载体,而数据组织形式分为分行或列组织、按键值组织、按规则组织等,数据管理层次又包括块级层次、文件层次、数据库层次等多种分层方式方法
数据处理	数据处理是对存储的数据进行整合与集成,更是数据分析的前期准备,一般按分布式处理和按业务两类处理。目前,针对大数据处理计算模型主要包括MapReduce、DAG、BSP等编程模型

（续表）

关键技术	技　术　描　述
数据分析及挖掘	数据分析一般是通过数据处理计算模型对已有的数据进行统计分析,而数据挖掘需要通过聚类、分类、关联等挖掘未知的信息,发掘数据潜在价值
数据可视化	数据可视化通常是利用计算机图形学、图像处理、计算机视觉等关键技术,通过符号、建模、属性、动画等方式,对数据加以可视化表达,增强用户对信息的理解

在互联网的背景下,数据正呈爆发式增长的态势,并且半结构化和非结构化的数据占其中的大部分,面对如此巨大且复杂的数据,仅仅能够实现存储是不够的,还需要对这些数据进行有效管理,便于发掘更多的潜在信息,发挥数据的最大价值。

7.2　系统总体设计

尽管计算机的数据处理能力已经非常强大,但是从海量数据中挖掘其规律并不容易,因此,大数据技术应运而生,通过数据采集、管理及相应的分析等,快速获取数据的隐含信息,促使数据管理迈向一个新的阶梯[2]。

1）数据组成

河道管理信息系统主要涉及空间数据、属性数据及影像数据。

（1）空间数据　空间数据包括自然状况数据（地形数据、水系数据、土地利用分布、植被土壤分布、雨情数据、水情数据等）,水利工程相关数据（河道信息、水质信息、水流信息、工情数据等）,其他数据（社会经济数据、灾情数据等）。

（2）属性数据　属性数据按时间又可以分为历史数据、现势数据和预测数据。例如水情数据就有历史水情数据、实时动态数据和预测水情数据。

（3）影像数据　影像数据包括气象卫星数据、陆地卫星数据、雷达卫星数据等,其中气象卫星主要用于天气形势分析与暴雨预报,陆地卫星主要用于背景数据的遥感获取,雷达卫星主要用于灾情监测与快速评估。

2）基础数据库

建立基础数据库,存储管理区域内的自然、经济和社会基础信息数据,如水文、气候、政区、道路、桥梁、河流、堤防、人口、企事业单位等基本数据及其他防汛信息,为整个系统提供基础数据资料,便于以后查询和研究。此外,还可用于对防汛抗旱形势做出正确分析,对其发展趋势做出预测预报,并根据现有防洪工程情况和防汛预案制订调度方案,下达防洪调度和抢险的命令,根据监督命令的执行情况以及水情、雨情的发展状况,对决策做进一步调整,使防灾减灾工作更科学、更可靠。

3）空间数据

空间数据主要包括基础数据、污染源数据、水利工程数据等方面。

（1）基础数据部分　将基础地图信息分离，例如，从原始图中分离出高山、城镇、海塘、公路、铁路、农田、海洋等，作为系统的基础支持部分，使用者可以在这部分的基础上准确定位塘河流域、污染源分布状况。

（2）污染源数据部分　污染源数据共分为工业企业、餐饮服务、畜禽养殖、生活小区4类。这部分数据主要反映污染源各种污染指标的污染程度以及分布，在基础数据的图层上能直观反映各个污染源的位置和所处河道的位置，分析、判断河道污染的主要来源，供决策者进行分析和管理。此外，还能提供各种统计的方法，对所需的污染源数据进行统计，以图表和报表的方式显示。

（3）水利工程部分　分布于河道水利工程，包括桥梁、闸门、水文测点、水质测点、断面地理位置。用于记录河道各个河段的实测污染浓度，是判断河道污染程度的实际依据，还可用于数学模型计算和验证。

4）属性数据

属性数据资料包括污染源数据资料、水文测点、水质测点、排污口资料、水闸、河道等。这些数据主要记录各种要素的基本数据资料、文字资料以及图片。考虑到电子地图的运行速度问题，将图层中各个要素的详细资料保存到数据库中，与电子地图建立主键关联的关系，在保持运行效率的基础上，容纳更多的工程和污染资料，为使用者统一管理和维护提供方便。

根据各个属性数据之间的关联关系，创建数据库，并构建物理模型和实体模型。属性数据不仅庞大而且关系错综复杂，要求在数据表之间建立不同的关联关系，利于搜索查询，提供程序的运行效率。

属性数据主要是一些工程数据和污染源数据。根据这些数据特征，对于污染源数据以污染源的编号作为关键字，各个表与污染源有关联者，都以编号作为搜索字段，形成表与表之间的链接。工程数据的共性在于都与河道有关，所以在数据库中，将河道名称作为工程数据的关键字，使用者可进行搜索查询。

5）数据的组织和关联

属性数据与空间数据从结构和模式上来说是两种没有物理联系的数据。而现实中，这两部分数据是构成河道主要信息的基本元素，所以，两者之间存在复杂的关联关系。系统根据塘河整治的特点，将属性数据与空间数据有效结合起来，可以形成两种数据之间的双向查询维护，满足使用者对数据的要求。

实现的技术方法是利用两种数据结构根据自行设定的规则，都具备相同的关键字，需要查询时，通过设定的关键字在两种数据结构表中进行搜索。

属性数据库可以采用关系型数据库管理系统（RDBMS）来管理，空间数据库可以采用地理信息系统(GIS)来技术管理。地理信息系统不仅可以存取和管理空间数据,而且大多数地理信息系统软件还提供与关系型数据库管理信息系统的接口,从而可以做到空间数据与属性数据的双向查询与分析。影像数据库一般可以采用遥感图像处理软件来管理。

6) GIS 图层设计

电子地图中包括的数据有管理范围、河网范围、城市城区及主要城镇、主要交通道路、铁路、主要城市街道、主要桥梁、主要公园绿地和绿化带、各个污染源位置、水利工程位置、水文监测点位置、水质测量点位置。

7.3　系统功能设计

系统功能设计主要针对用户登录、地图操作、数据查询、空间分析、系统帮助、数据输出和系统扩展功能 7 个方面。

1) 用户登录

系统采用结构化查询语言(structured query language,SQL),数据库的用户配置对使用者进行管理和权限设定。用户要使用系统必须先通过数据库的身份验证,确定权限后才能进入系统界面。若用户不具有使用这项功能的权限,系统的部分菜单操作功能会变灰。

管理员具有设定用户和权限的功能,可在系统中直接配置,亦可通过 SQL 管理。

2) 地图操作

地图操作功能分为以下几种。

(1) 基础功能　包括放大、缩小、移动、漫游、还原、居中。

(2) 图层功能　包括图层显示选择、视野范围、地理位置。

(3) 选择功能　包括点选择、线选择、面选择、信息显示。

(4) 查询功能　包括图层信息的查询、定位、统计分析。

(5) 编辑功能　包括污染源数据的增加、删除、定位。

(6) 计算功能　包括直线距离计算、面积计算。

系统采用可视化软件开发工具 Delphi 与可编程控件 MapX 集成的方式,将电子地图与程序结合起来。实现电子地图的图层控制、移动、放大、缩小、漫游等基本功能,实现点选择、线选择、面选择功能,显示所选区域的属性数据,实现距离的计算和地理位置的显示。同时,用户可对指定的图层信息进行查询并定位,实现系统—用户和用户—系统的双向交流。

3) 数据查询

数据查询分为空间数据查询和属性数据查询。空间数据查询指通过用户对电子地图中的对象选择,在其属性页中显示其空间数据属性。属性数据查询指基于数据库的数据查询,用户可在专门的数据库查询界面中通过条件设定对数据进行查询,亦可通过电子地图中的对象选择,利用空间数据库与属性数据库的 ID 连接关系,将两者数据库的数据结合,在属性页中显示。

4)空间分析

对电子地图的点、线、面、缓冲区等的交互查询,可进行单一对象的查询和多重对象的查询,可进行叠加分析和缓冲区分析;对查询集进行空间对象统计和地理分析,并对相关属性统计进行分析和浏览;结果在地图中显示。

5)系统帮助

帮助文件采用 IE 浏览器显示的方式,与操作系统的风格一致,便于用户使用和操作。

6)数据输出

数据输出有屏幕输出和打印输出。屏幕输出主要是地图和查询结果的显示等。打印输出主要是对查询结果的打印和电子地图的输出。

7)系统扩展功能

(1)手机短信发布系统 为了满足管理的需要,可以增加手机短信发布系统。汛情短信发布系统就是在汛期通过手机短信方式将各个测站的水情雨情数据和其他与防汛相关的数据及时发送给相关行政领导和技术人员,同时提供在线查询和数据群发功能。

(2)数学模型 结合河道的具体情况,在防汛过程中或者在水环境治理工程措施、管理措施方案比较过程中,选择合适的数学计算模型,收集必需的计算数值,可以获得相应的计算结果。该结果可用于对河道现状的评价,分析河道整治中的关键因素,便于整治者对整治过程中关键因素的掌握,有效地实施整治工作。

7.4 应用案例

浙江某地要求建立河道管理的地理信息系统,完成基于 GIS 的法律法规、水利规划、水利工程、防汛预案、实时遥测水雨情数据的集成,实现水利信息的多媒体查询,满足防汛及工程管理的需求。

1)河流管理子系统

河流管理子系统主要管理水资源、水利设施等信息,点击"河流管理"菜单,打开河流管理操作面板,如图 7-1 所示。再次点击"河流管理"菜单则关闭河流管理操作面板。河流管理子系统包括河流基本信息、河流信息综合查询和河流专题图。

(1)河流基本信息 点击河流管理操作面板中的"基本信息"栏,打开河流基本信息管理控制面板,可以查看河流信息、水文断面和水利工程信息(见图 7-2、

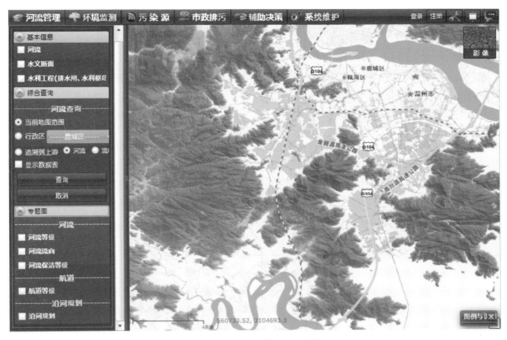

图 7-1　河流管理子系统

图 7-2　河流基本信息

图7-3和图7-4)。将鼠标移动至任一线条上,显示该河流对应的详细信息。再次点击"河流"复选框取消其选中状态,则移除河流图层。

(2)河流信息综合查询 点击河流管理操作面板中的"综合查询"栏,打开河流信息综合查询控制面板。点击"取消"按钮,可清除地图主窗口中所有查询结果。河流信息综合查询包括按地图范围查询、按行政区划查询和追溯上游河流。

(3)河流专题图 点击河流管理操作面板中的"专题图"栏,打开河流专题图控制面板,可以勾选或移除河流等级专题图、河流流向专题图、河流保洁等级专题图、航道等级专题图、沿河规划专题图。

2)环境监测子系统

点击系统主界面中的"环境监测"菜单,打开环境监测子系统操作面板,如图7-5所示。环境监测子系统共包含最新环境监测信息、综合查询及水质专题图三栏。再次点击"环境监测"菜单关闭操作面板。

3)污染源子系统

点击系统主界面中的"污染源"菜单,打开污染源管理子系统操作面板,如图7-6所示。再次点击"污染源"菜单关闭操作面板。污染源子系统用于对污染源的查询和管理,该子系统包括污染源基本信息、综合查询、统计分析和高级分析四栏。

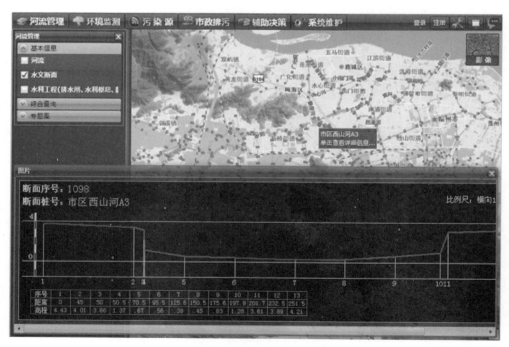

图7-3 水文断面信息

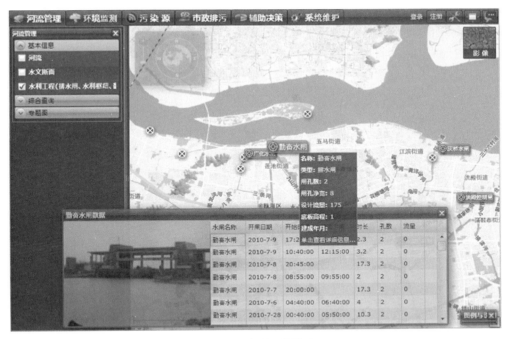

图 7 - 4　水利工程信息

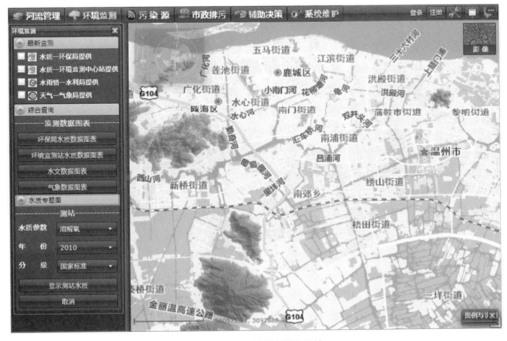

图 7 - 5　环境监测子系统

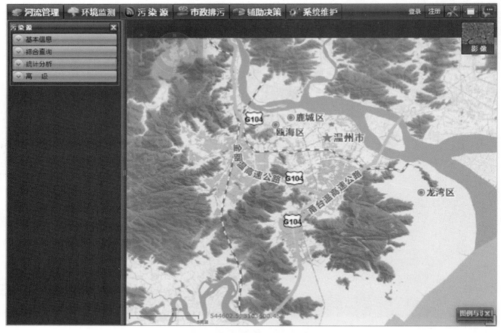

图 7-6　污染源信息管理子系统

图 7-7　污染源基本信息
控制面板

（1）污染源基本信息　点击污染源管理操作面板中的"基本信息"栏，打开污染源基本信息管理控制面板，如图 7-7 所示。

该模块将点污染源划分为工业、服务业、畜禽养殖、公共厕所、沿河违章建筑以及突发污染事件，鼠标左键单击任意污染源，勾选该污染源前的复选框表示选中，再次单击则取消选择，支持污染源以任意组合进行多项选择。再次点击图层复选框后，将移除该图层。

图 7-8 选中项为工业、服务业和公共厕所 3 种点污染源，用户可根据实际情况组合选择项，地图上会显示所选的各污染源，查询结果如图 7-8 所示。

（2）污染源综合查询　点击污染源管理操作面板中的"综合查询"栏，打开污染源信息综合查询控制面板，如图 7-9 所示。在查询前，应在"基本信息"栏中至少选中一种污染源。

选择"地址"单选框，则按地址查询污染源。在地址文本框中输入要查询的地

图 7-8   污染源基本信息查询

址(如葡萄棚路 26 号),并点击"查询"按钮,地图主窗口中会显示查询结果及统计信息。

选择"河流"单选框,则按河流名称查询其附近的污染源。在河流文本框中输入所要查询的河流名称(如西山河),缓冲区文本框中输入该河流周边的范围(如 500 米),然后点击"查询"按钮,地图主窗口中会显示查询的结果,如图 7-10 所示。

图中选中的区域为查询的范围,中间一条线为所选择的河流。

(3)污染源统计分析   点击污染源管理操作面板中的"统计分析"栏,打开污染源信息统计分析控制面板,如图 7-11 所示。

图 7-9   综合查询控制面板

点击"统计分析"控制面板中的"统计表格"按钮,弹出统计表格结果窗口,如图 7-12 所示。在该窗口中,也可直接查询相应年份的统计结果,并将结果导出为文件。

4)市政排污子系统

市政排污子系统主要由"排水管网""市政设施"和"专题图"三个大模块组成,包括污水管、雨水管、雨污河流管、污水管节点、雨水管节点、雨污合流管节点、排污口、污水处理厂、泵站、垃圾焚烧发电厂、垃圾填埋厂、垃圾中转站、2000 年管网普查、2004 年管网普查和专题图等信息查询。点击系统主窗口中的"市政排污"菜单,显示市政排污操作面板,如图 7-13 所示。再次点击"市政排污"菜单,面板关闭。

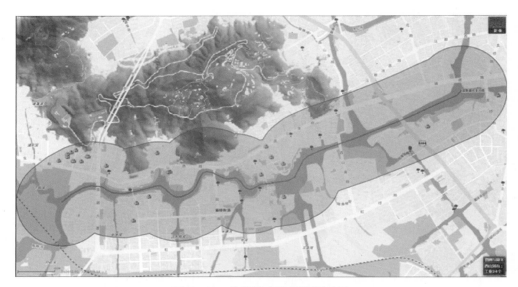

图 7-10　按河流查询污染源结果

图 7-11　污染源统计分析控制面板

勤奋水闸数据

污染源_行政区划　年份：2011　查询　导出

行政区划码	区县	乡镇街道	服务业数	畜禽养殖数	生活污水数	农业面源数	城市地表径流数	排水量(吨)
330302	鹿城区		75	0	0	0	0	10674605.09
330303	龙湾区		620	0	0	0	0	12469478.25
330304	瓯海区		387	0	0	0	0	4899891.284
330381	瑞安市		480	0	0	0	0	6394152.73599889

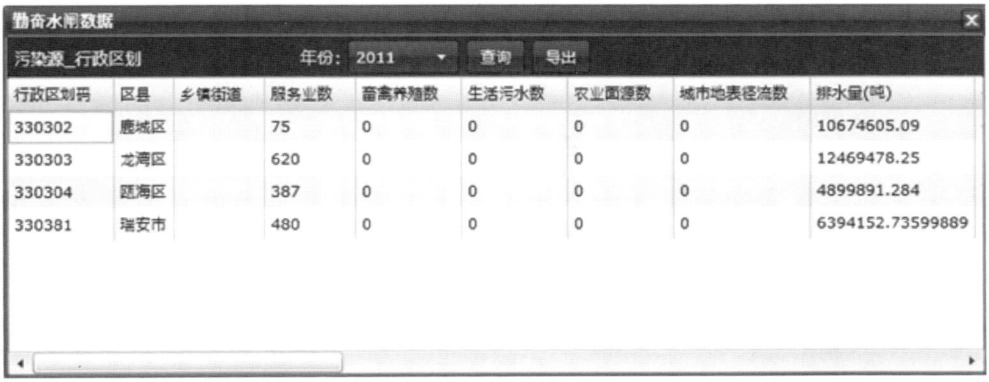

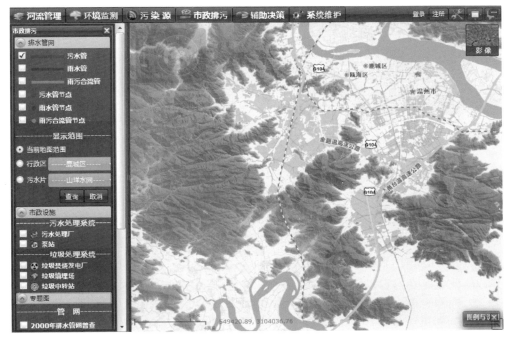

图 7－12　污染源统计表格结果

图 7－13　市政排污子系统

5）辅助决策子系统

辅助决策系统主要模拟、预测塘河流域水质变化，为领导决策提供科学依据，主要包括快速流量模拟、稳定流量模拟、非机理水质模拟、WASP 水质模拟、生态调水、工作预案等,如图 7-14 所示。点击系统主界面中的"辅助决策"菜单,打开辅助决策子系统操作面板,再次点击菜单关闭操作面板。

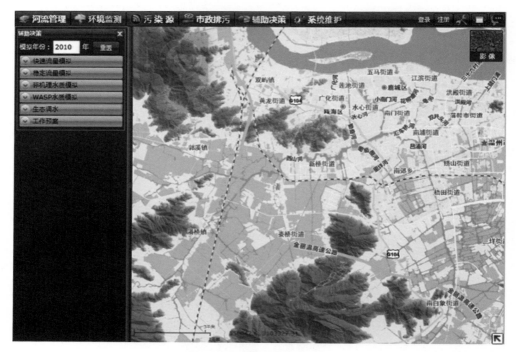

图 7-14 辅助决策子系统

(1) 生态调水 在左侧操作面板中点击"生态调水"栏,显示"生态调水"模型控制面板,如图 7-15 所示。

在参数设置窗口中点击"模拟主参数"选项卡,打开生态调水主控参数选项页,可以查看河流总节点数、河段总数、可变流节点数量,设置模拟步长、开始时间(精确到分)和结束时间(精确到分)。参数设置完成后,点击窗口中的"确定"按钮保存参数修改值。在参数设置窗口中点击"总结文件"选项卡,设置生成的总结文件数量、生成时间、生成时间间隔及水力存储频率。

在参数设置窗口底部可选择不同的模拟月份。参数设置并保存后,点击生态调水控制面板中的"模型计算"按钮,开始执行生态调水模型计算,如图 7-16 所示。

显示生态调水模拟结果后,在地图主窗口中点击任一河流,弹出详细信息窗口,显示该河段模拟期间所有时间点的水质指标值,如图 7-17 所示。

点击生态调水控制面板中的"生成视频"按钮,开始创建模拟结果视频。生态调

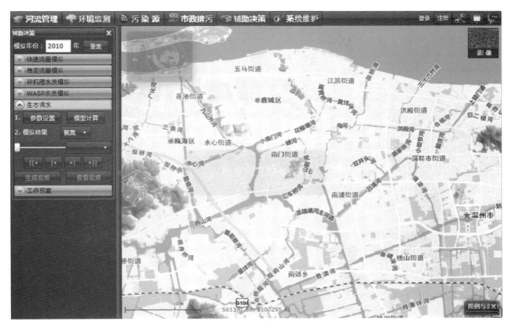

图 7 - 15　生态调水控制面板

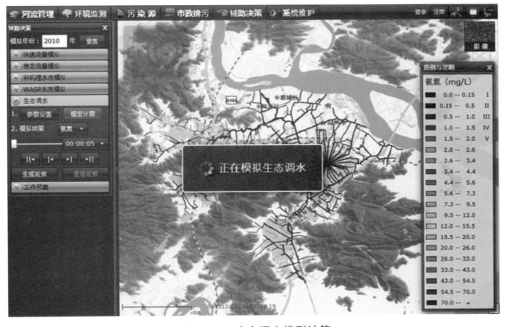

图 7 - 16　生态调水模型计算

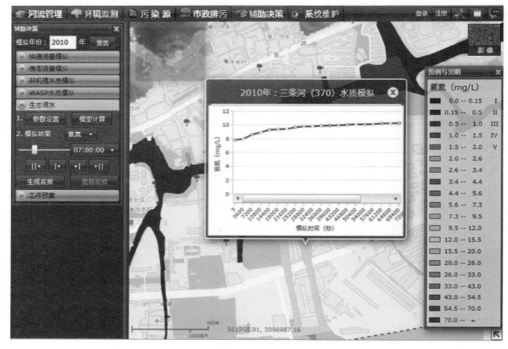

图 7-17   生态调水模拟结果详细信息

水视频成功创建后会自动提示下载，保存至本地后即可观看视频。如果未自动提示下载，可能是浏览器设置问题或其他原因，此时也可以直接点击"查看视频"按钮下载视频观看。

（2）工作预案   工作预案主要由"河道治理方案""措施方案库""成果展示"三个模块组成，其主要功能包括查询具体河段的相关信息与治理方法，以及搜集不同污染特征河流的具体治理方案等内容。点击辅助决策操作面板中的"工作预案"栏，打开工作预案控制面板，如图 7-18 所示。

措施方案库从文献中收集了各种流域水环境治理方案，形成治理措施方案库，并按照不同措施性质及级别等分为四大类，近 200 个小类。主要通过措施方案库浏览、按措施名称查询、按措施性质查询实现对方案库的操作。点击工作预案控制面板中的"措施方案库"按钮，弹出措施方案库浏览窗口，如图 7-19 所示。

成果展示用于宣传塘河流域水污染治理成果，引起人们对塘河治理的关注。点击工作预案控制面板中的"成果展示"按钮，将弹出新的成果展示页面，如图 7-20 所示。

图 7 - 18　工作预案

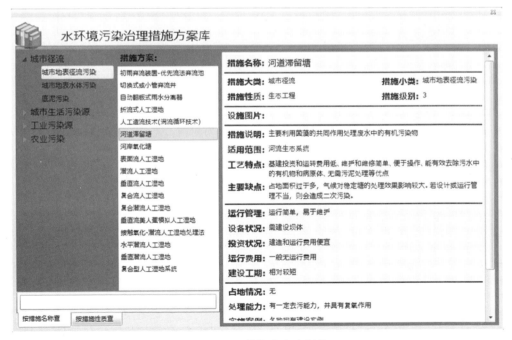

图 7 - 19　措施方案库浏览

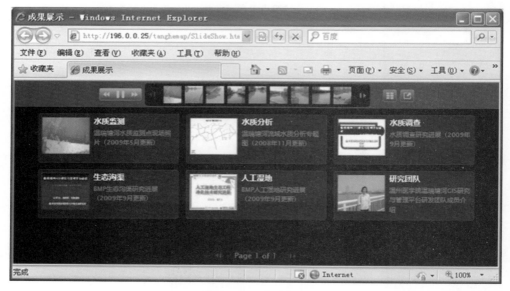

图 7-20　成果展示

参 考 文 献

［1］林平军,严平.信息技术在城市河道管理中的应用[J].科技传播,2011(6)：123,128.

［2］童为民,罗天文,徐锐,等.大数据技术在河道巡查管理中的应用[J].内蒙古水利,2019(5)：66－67.

索　引